建筑渲染

理论 · 技法 · 作品

童鹤龄

中国建筑工业出版社

●内容简介

本书系统地阐述建筑渲染的基本理论和技法。其中包括建筑渲染的基本理论:光照效果的分析，建筑色彩分析和水墨渲染、水彩渲染及水粉渲染技法，以及水彩、水粉混合使用的基本理论。本书着重详述建筑配景的画法。在理论分析之后，附有百余幅作品图页以说明渲染技法的灵活运用。作品图页包括几种渲染技法，介绍了几种不同的类型表现图，这些作品都有一定的代表性，可供参考。

童鹤龄先生近照

●作者简介

童鹤龄教授1947年毕业于前中央大学（解放后改为南京工学院、东南大学）建筑系。1951年开始从事建筑教育工作，先后在唐山交通大学、北方交通大学、天津大学、华中理工大学、华侨大学、天津城建学院、宁波大学、武汉城建学院、中国美术学院（前国立艺术专科学校、浙江美术学院）等院校兼职任教。退休后，1989年至1994年在中国美术学院环境艺术系任教学顾问兼职教授。1994年5月因病退出讲坛。本书是他在退休后病中撰写的。

目 录

插图目录

自 序

概 论

第一章

第二章

第三章

第四章

第五章

第七章 作品图页

一、水墨渲染表现图

二、 水彩渲染表现图

三、　水粉渲染表现图

四、　水彩与水粉结合渲染表现图

八、特殊渲染技法

序

建筑表现图是用以表达建筑物及其周围环境的一种绘画。其绘制技法与一般绘画技法不尽相同，虽然其技法取之于绘画技法，但有其独自的特点，自成一个画种、一个体系。

童鹤龄教授任教四十余年，通过教学实践，积累了丰富的教学经验。长期以来他继承并发展了传统的建筑渲染技法，潜心研究，以科学分析为基础，结合建筑色彩理论和绘画艺术技法，取各家之长，撰成专著，系统阐述，以求有助于建筑学各有关的专业的教学，有助于从事建筑设计工作者学习参考。

1991年3月

师恩难忘（自序）

往事如烟，饮水思源。在这本书即将交稿之时，看着书稿和这些渲染图，不禁使我想起老师们给我的一切。我写这本书的目的在于把受之于诸位老师的传之于世。

我毕业于贵阳清华中学，在即将告别母校之际，美术老师李宗津先生把我们介绍给当时在校规划设计校舍的童寯先生，童寯先生是以清华校友和华盖建筑事务所建筑师的身份应聘来校的(自序图-1)。李宗津先生对童寯先生说：这学生也姓童，他喜欢绘画，我建议他去国立艺术专科学校学画。童寯先生听罢笑着对我说：那会把你饿死，谁帮助你卖画?你要喜欢绘画可以去学建筑，我在中央大学建筑系教书。当时的国立艺术专科学校即现在浙江美术学院、中国美术学院前身。中央大学建筑系即现在南京工学院、东南大学建筑系的前身。于是我就报考中央大学建筑系。

以我愚拙在大学的四年学习中，曾受到许多知名老师严格认真谆谆教诲。但由于主客观原因：一是自我要求不高，学习不够勤奋；二是抗战时期国家和家庭经济困难，连必要的画具都难具备，我的学习成绩是不够理想的，有负宗津老师和童寯老师的期望。

我在大学建筑初步课受启蒙于汪坦先生。他给我们灌输了许多建筑学的基础知识，这是最重要的一课，我未能领会他的好意而被古典建筑和水墨渲染吓坏了。戴念慈先生在挥洒自如为我们改配景时，我却问希腊陶立克柱头的阴影怎么会是一个垂下来的尖角。戴念慈先生用纸卷了一个圆筒上插倒圆锥体，在上面盖了一张方纸片。放在灯光下一照即出现了与陶立克柱头相似的阴影。这时我才恍然大悟（自序图-2、4)。

谭垣先生在我的印象中是一位难以忍受的严师，他在教学中有三件事我至今难忘。一是二年级时我在设计图上画了一棵树，正好插在屋顶尖上，树画得很糟。魏庆萱先生是助教，在为我改画时，谭先生走进教室正好看到，十分生气，训斥魏先生是怎么画的。魏先生红着脸不作申辩。我不敢说是自己画的。这一冤案使我对这位客死异国的老师至今怀念不已。另一件事是设计一所小卫生院，在处理门厅和候诊厅的联系时，我弄了一个1.5m宽的双扇门，自以为够了。谭先生为我改成一个宽敞的门洞，意即适当分隔空间。以我愚拙，当时未能领会。第二次上课我又画成了一个1.5m的双扇门。他一看就火了，把铅笔一扔，用英词训斥：这学生 hopeless (没有希望了)，Miss 萧，你给他改吧（Miss 萧即现大连理工大学建筑系萧宗谊教授，当时也是谭先生的助教)。

自序图-1
童寯先生为贵阳清华中学规划设计校园总体布局鸟瞰图。原图为水彩渲染，照片为原清华中学校长唐宝鑫老师赠

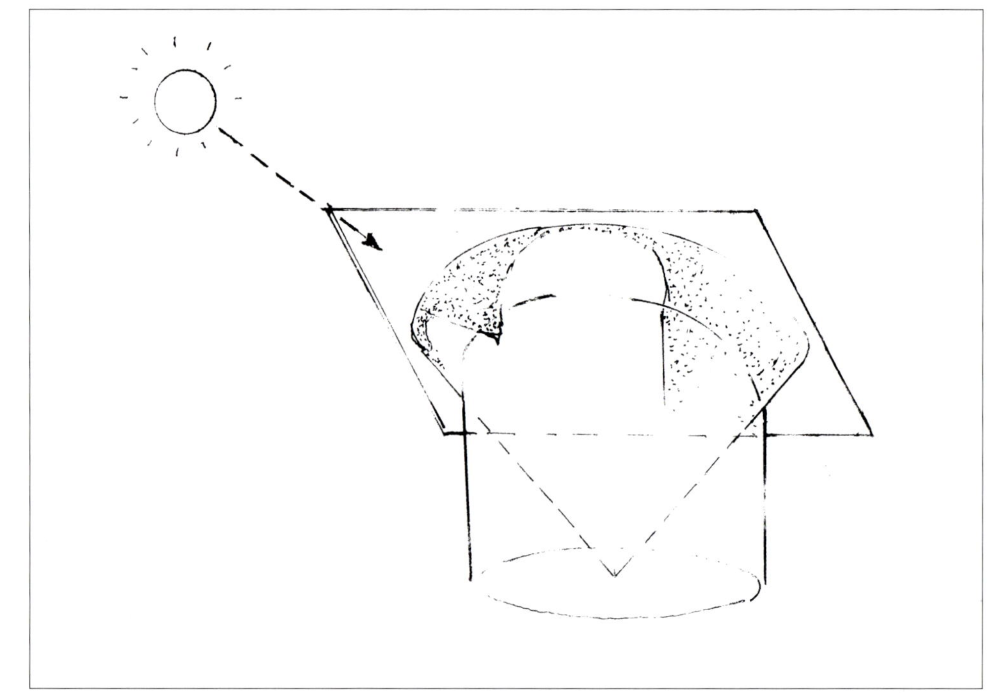

自序图 -2
陶立克柱头的阴影（戴念慈先生制作简易纸模型示意）

自序图 -3
徐中先生为学生示范渲染图（为天津大学建筑系学生方咸孚所画示范渲染图，方咸孚现为天津大学建筑系教授）

谭先生走后，我把草图团了塞进抽屉里，嘴里嘟哝着，抱怨谭先生太严，一气之下扬言我再也不学了。随即跑出教室在外面转了一圈。等我回到教室只见萧宗谊先生正在为我抹平那张草图纸，见我回来，就说：谭先生就是这样的脾气。她为我解释空间分隔方法。最后，谭先生还是给了我一个好分数。第三件事是做一艺术家画室设计。快要交图前我还没弄好。谭先生把我一人叫到他家，那是一间不大的房间，有煤油炉，他自己做饭，他一人住在重庆，生活十分艰苦。那天他为我改图，从黄昏到天黑，十分耐心地用英语夹着广东话解释，手不停笔从平面到透视重新画了一遍。当我带着他画的一堆草图从他的房间里出来时天已大黑，他好像还未做晚饭。解放后徐中老师曾不无感慨地对我说过：中央大学建筑系教学（指建筑设计教学）还是谭垣先生回国后给奠定的基础使之正规化。

美术课是李剑晨和樊明体二位老师授课，樊明体先生似乎很噜苏，絮絮叨叨地说要注意明中之暗与暗中之明，这一句话我一直用到现在。几年前在上海同济大学他家中见到他时，他还谦虚地说：我们不能算师生关系，我只比你大十岁。李剑晨先生在我每次水彩画课时总是以表扬为主，说这张画大有进步，有很多优点，而后动手重新改过再画一遍。当时我没有水彩画碟，一次弄一只吃饭用的水瓷碟，再弄点颜料，觉得难为情就躲在一个小山凹里画。李先生找到了我，说你怎么躲在这里画，叫我好找。这些老师，在抗日战争期间，在极其艰苦的环境中执着、认真地从事教学工作。当时，我却未能领会学问、教学的严肃性。他们对学生谆谆教诲的精神直到我从事教学工作多年之后才略有所悟。

解放后我跟随徐中先生从事教学工作，自己当老师几年之后才慢慢地感到教师责任重大（自序图 -3）。我作为青年讲师和徐中先生同时指导古典建筑设计课，为学生画科林斯柱头示范图。深夜我一边作水墨渲染科林

自序图 -4
戴念慈先生绘孔子研究院正立面图

斯柱头，一边得意地哼着歌。这时，徐中先生从外面进来，问我在干啥。我说在备课，他看了一眼我刚渲染完的示范图，一句话没说就转头往外走，在走到门口时说了一句：画的是什么!我当时吓得出了一身冷汗，心想教师当不成了。当即撕去重画。也不知错在何处，只有自己琢磨，第二次刚画完，徐中先生又来了。这次他看过画后，面露喜色，我乘机递过笔去，说：请徐先生示范几笔。他坐下，一边画一边讲，他说了三句话：水墨渲染墨色不能太深；二要浅而又层次分明；三要在渲染完后，线稿清晰可见。我撕去又重新画第三遍，画完徐中先生又看了一次，仅仅说了一句：这张还可以。他讲的三点我牢记至今，并推广用在水彩渲染中，传给学生。1964年高钤明同志（现在太原工业大学教授）的成果即我受之于老师又传之于学生的成绩。他的科林斯柱头（见作品图页1-2）现在已很少有人能画了。此之谓青出于蓝而胜于蓝。后来徐中先生上了年纪，在课堂上为一女生示范水墨渲染从暗到明退晕失败后很少再画，叫我帮助他改渲染图。我上了年纪也不能画细致严谨的水墨渲染了。水墨渲染是严格训练学生的一种好方法。因为这种教学方法不但训练了渲染技法，从渲染古典建筑工作中也学到严谨治学、严肃做人的态度。我在建筑渲染上的起步，实际上是从徐中先生认真指导我如何从事教学工作开始的。这时才开始领会到许多老师对学生的期望。老师们所赐才是我教学一生的基础。

不久，徐中先生即不指导建筑初步（原教建筑初步的教师郑谦教授已调走），而委托我负责建筑初步教学，并为天津大学建筑学系建立了一套严格培养师资的方法，为学生打下严格学习的基础。记得童寯先生在看过天津大学1951～1954年优秀的建筑设计学生作业之后问我：建筑设计什么水平才能给5分。你做一个设计看能不能给5分。我将此意转达给徐中先生。从此天津大学建筑初步、建筑设计最高分只能5^-，而不给5分。“文革”后，杨廷宝先生在南宁开会时，我请教他教学问题，谈到师德，他说：你也是教学多年的教师了，为人师表，道德文章，业务要精，格调要高。徐中先生曾几次对我说：你站在讲台上就是老师吗?要教学生一分自己得有十分。否则学生叫你一声老师你不脸红吗?

在所有的老师中，卢绳先生是我最感到内疚的。我曾当过他的助教，他也曾想培养我接班。当时徐中先生认为我还能“画几笔”，把我安排在建筑设计教研室，对此卢绳先生颇为不满。于是我帮助他指导中国古建筑测绘实习以作补偿。在反右和“文革”中，他身心都受伤害。但“文革”一结束他即要求为学生补课。那时他心脏病已经十分严重，他坐在讲台上讲了二三次。不久他即去世。卢绳先生教学、工作十分严谨，但他只过了7年舒心的日子，直到去世前夕还在为中国古建筑教学科研操心。我没能为他分忧，只是因为我还能“画几笔”。至今深感内疚。

在写这本书的时候，不禁回忆起我有幸遇到的老师，他们都是十分严肃认真负责而又十分温暖。每当提笔我心中忐忑不安，觉得画不好，现在再学已经太迟了。尤其1994年中风之后手眼都不听使，但想到李剑晨老师年近90高龄的那年还站在小凳上面壁作画时，我就只能奋力从事。想到谭垣老师90高龄仍挥笔改图，想到他晚年曾想调我去帮他写书而未实现； 我曾答应他也要教学50年，也还有4年才能实现。从中学的李宗津老师到大学的许多老师无一不是道德文章令人景仰的前辈。他们把我领上建筑教育之路，深感师恩难忘，必须继续奋力，活一年，学一年，教一年。写书即是教学生命的继续，这本书即是帮助从事教学的工具。

读者从这本书中如学有所得，即是我的老师们所赐；书中之不足、谬误则由我负责，请各位方家指正。饮水思源，师恩难忘。

童鹤龄

1996年8月25日凌晨

附注： 贵阳清华中学美术老师李宗津先生解放后曾任清华大学建筑系教授、中央美术学院教授。

概论：建筑表现图的特点及其在建筑工作中的实用价值

建筑表现图 (Presentation Drawing) 是建筑设计工作中一种十分重要的工程图。建筑表现图的含义很广。建筑设计、城市规划、园林设计、室内设计等等这些设计工作无不借助建筑表现图来表达建筑师的设计思想。即使对毁坏多年的古代建筑的研究和复原工作，也需要建筑表现图显示复原后的形象风貌。

建筑师开始为建筑设计构思时徒手勾画出的建筑方案平面、立面、剖面以及透视图和局部详图的草稿 (Esquisse)、画稿即是一种表现图（图 0-1a ~ b），这种表现图往往十分粗略，但是表达自己的构思是相当明确的。这种草图表现方式主要是徒手或借助绘图仪器，快速表达，因此它能迅速记录建筑师的构思变化，使得建筑师在短时间内得以从事方案的修改、多样构思的比较、多方案比较，使得自己构思迅速完善并得到优选方案。这是最简单的建筑表现图。在借助于绘图工具为主绘出表现较为细致真实的建筑方案的表现图是为建筑设计方案图的一个组成部分。即是用来给人以直观的感受，使之易于理解。因此在建筑设计方案阶段是十分重要的。以后的施工设计图也都是一种表达建筑的工程图。但是施工图是指导建筑施工建造而表现图则是表达建筑方案（包括环境、建筑空间、建筑造型）的独特的工程图。

许多具有历史文化价值的建筑，经历沧桑，数百、

图 0-1 a
徒手草图——浙江某地基督教堂方案草图 作者绘

数千年已塌坏殆尽。为了某些需要如作为文物复原或保护研究的古代建筑，为了重现当年建筑及其环境的形象，往往经科学考证之后求得建筑原有形象并利用建筑表现图描绘出复原后的建筑形象。不但可以尽快地再现建筑原貌，而且也可以作为复原施工图的依据。

建筑表现图是使用绘画艺术手段和工程制图方法的结合用以表达建筑物及其所在环境的画种。建筑师利用绘画艺术对光照效果的分析和色彩表现的理论来绘制建筑表现图。建筑表现图与绘画艺术虽是不同的两个独立画种，仍有不少共同之处，甚至有时还十分相似。建筑表现图的特点是：

一、绘画艺术作品是艺术家的一种创作。画家往往借用描绘的对象抒发自己的创作感情。画是画家的创作作品，创作艺术品即是画的目的。(图0-2 a、b) 建筑表现图则主要是表达建筑物本身，客观地介绍建筑物。建筑物才是建筑师的创作结果、创作作品，甚至有时可以说是建筑师创作的一种艺术品。而建筑表现图则是这一艺术品的如实描绘，有时也可以视为一种艺术品，但不是建筑师创作的目的。

二、同一对象，即使是建筑物，在不同的艺术家的画笔下可以赋予不同的感受、不同的意义。即使同一画派描绘同一对象、同一建筑物也有不同的表现。建筑表现图则不然，对同一建筑物外型性格以及其周围环境气氛（如表现庄严的建筑、表现轻快的建筑物），几位建筑师应如实描绘，表面的效果基本相同。即使使用不同的颜料和技法来渲染的表现图，也应产生相似效果。不能因为不同的建筑师采用了不同的表现方式所绘的表现图在表现同一建筑设计方案时表现了完全不同的效果，使人们对建筑师的设计方案产生不同的理解。如果说艺术创作的绘画是画家借描绘客观事物以表达个人感情或创作激情，则建筑师绘制表现图完全为了客观地描绘建筑师的创作作品——建筑物，是为了表达建筑师的创作意图。不论几位建筑师画同一建筑方案的表现图，都不应该歪曲建筑设计人的创作意图。因此最好由设计人自己

1

2

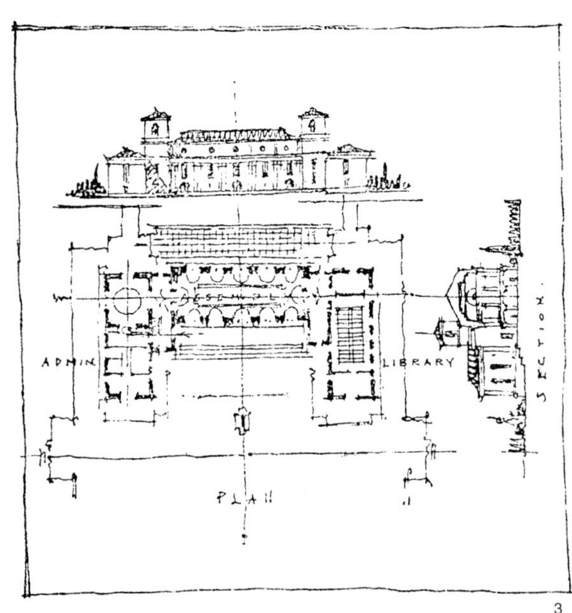

3

图0-1 b
徒手草图（作品三幅）
选自 ARCHITECTURAL COMPOCSITION. BY NATHANIEL CORTELANDT CURTIS
1 纽约L.W.L大楼　卡瑞和赫斯丁建筑师建筑草图
2 纽约渥尔华大楼　卡斯基尔柏特建筑师建筑草图
2 美国国际大楼　海特和基森建筑师方案草图

来画表现图。只有他自己才最了解自己的作品，这也正是为什么建筑师必须掌握渲染表现技法的一个主要原因。

可以说画家在作为艺术创作的绘画作品中，在分析并利用光照、色彩效果为个人创作服务时使他的作品能引起欣赏者的共鸣。建筑师则是描绘现实中的光照、色彩效果条件下呈现出的建筑物造型和环境气氛，以促使观赏者能进一步理解建筑师的创作意图，使建筑使用者和观赏者对建筑师的创作产生共鸣和深刻理解。

因此，建筑师对光照效果认真分析之后，严谨准确地把未来的建筑物如实地描绘出来，使人们能在建筑方案阶段即可预料将来建成的建筑物的形象，这未来建成的建筑物才是建筑师的创作作品。而建筑表现图则只不过是这一作品的“说明书”而已。

建筑表现图是建筑设计使用的一种工程图。举一例即可说明。工程图中立面是现实并不存在的一种根据科学投影理论绘制的投影图。如用45° 光线作出阴影，并非因其效果接近真实。45° 光线是人为决定的，为的是从阴影效果可以看出体量，影子的大小即投影部分凸凹的多少。为了进一步表达得更为真实，建筑立面前的地面改为透视的描绘，一条路或一个水池的透视图与立面图结合成一幅更为逼真的表现图。而这种表现图决不是艺术家画家笔下所描绘的情景。因为立面是现实中不存在的（作品图页 1-4）。

又如轴测图也是如此。轴测图是平面图与表达空间的投影结合的一种使人一目了然的投影图，也可以说是一种表现图（图 0-3 a、作品图页 5-7）。

建筑师经常在绘制建筑表现图时习惯于程式化的描绘技法。因此，往往在他们从事建筑艺术绘画时也流露出职业习惯，多采用建筑表现图程式化和严谨的画风。在他们的建筑物写生中带有浓厚的建筑渲染技法的味道，如P.Creat（图 0-2 b）的一张水彩画即可看到。在我国建筑教育老前辈杨廷宝先生的水彩画作品中也可看到一些痕迹。

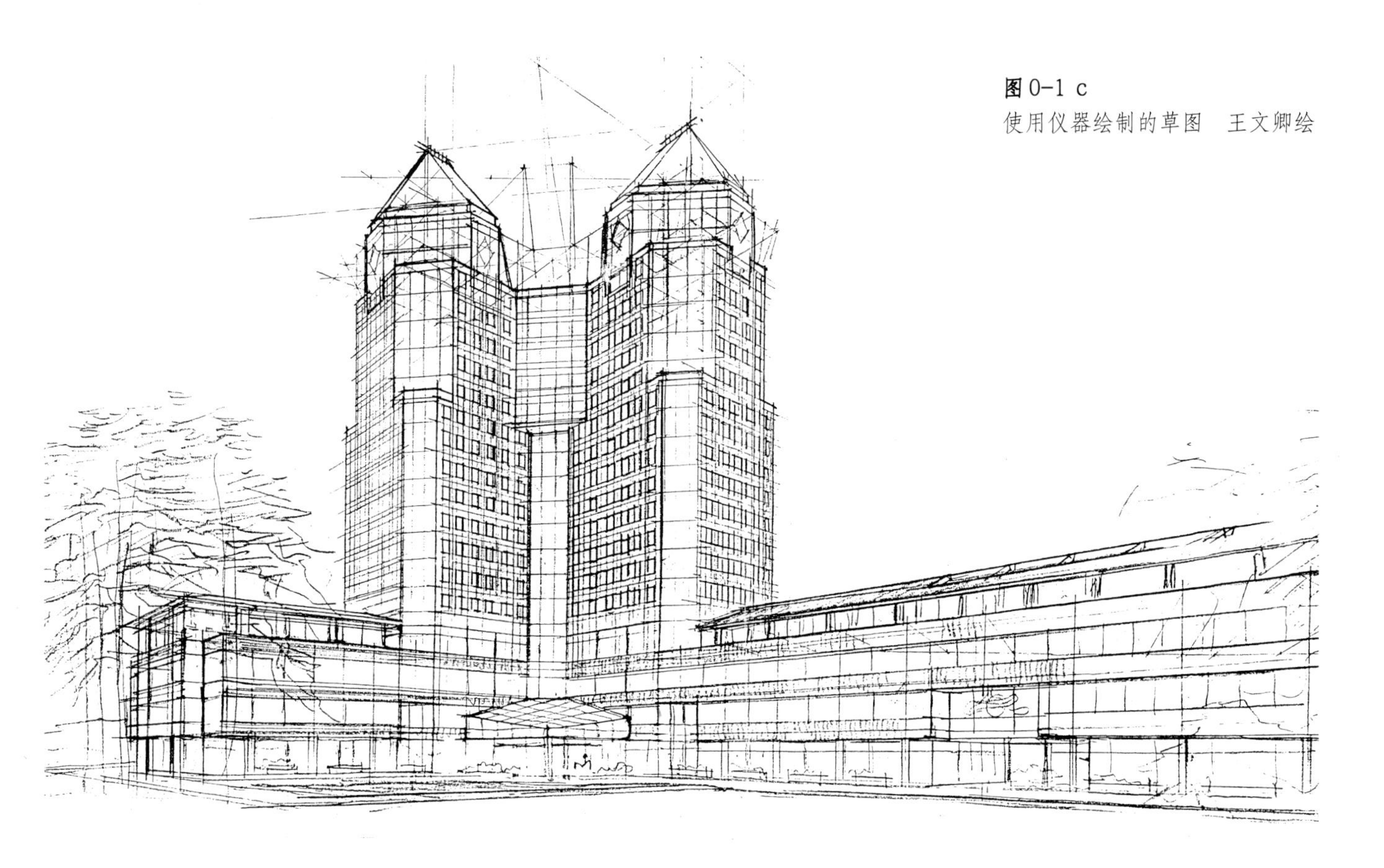

图 0-1 c
使用仪器绘制的草图　王文卿绘

图0–2 a
水彩画中的建筑物（1）TRAJAN FORUM BYVERNON HOWE BAILEY 绘

图0–2 b
水彩画中的建筑物（2）
VERONA-THE PLAZZA OF SANZENO PAUL P. CRET 建筑师绘

建筑表现图的绘画技法“渲染”一词是解放前后译自“Rendering”一词，是借用中国画作画的一种技法的名称即所谓“擦以水墨再三而淋之”，“重润渲染”，但渲染不是绘画（Painting）。渲染（Rendering）有特殊的含义。

建筑表现图的种类很多，使用的颜料、方法和工具发展很快。但是从基本技法来看，尤其从基础训练来看，仍是二种：1.单一色表现图；2.多种色或称全色、复色表现图。

一、单一色表现图

（一）水墨渲染　过去曾被西方称为印度墨渲染（Indianink Rendering），现在则称为中国墨渲染（Cninese Stick Ink Rendering）。这是一种以墨色深浅表现明暗效果与建筑体形和材料质感的一种渲染技法（作品图页 1-4 ~ 7）。

（二）单一色渲染也可用群青、蓝或紫和褐色等单一色渲染（作品图页 2-1、2，图 3-3 a）。

二、复色表现图

（一）单一调和色表现图，是以一种色彩衍生出一系列的调和色的渲染图（图 3-3 a）。

（二）调和的复色渲染图，是几种相近的色彩组成，其中也有由单一色衍生出来的一系列调和色（图 3-3 b）。

（三）复色渲染，或全色是由几种不同的甚至对比强烈的色彩组成的渲染图（图 3-3 c）。

以绘画材料来分类，建筑表现图有：

水墨渲染图、水彩渲染图、水粉渲染图或铅笔与水彩结合的铅笔淡彩渲染，钢笔水彩渲染图，水彩与油彩结合的渲染图或用现在出现的马克笔、水彩彩色笔及油画棒、彩色粉笔渲染图等。

喷笔（Air Brush）（图 3-4）早在 30 年代即已应用于渲染建筑表现图，用喷笔绘制表现图时由于遮挡十分琐碎，费时费力。只有用于渲染大面积的天空，而喷涂时色彩单一效果不佳，还有待改进（作品图页 8-4）。

油画颜料渲染（作品图页 8-1）是使用油画颜料、油画棒作渲染图。

电脑渲染（作品图页 8-2）是使用电脑技术，由有熟练的渲染技巧的人操作。否则，效果不佳。

图 0-3 a
轴测图——江南园林设计

图 0-3 b
轴测图——住宅室内设计

第一章 建筑表现图中有关光照效果的分析

建筑形象的表现主要是由于建筑物受到光线照射后产生阴影和色彩的变化所致。这种变化同时也受建筑所在的环境影响，这即是光照效果。这种光照效果受光源的种类和照射方式影响很大。

一、光源的种类和特点

(一) 光源总的可分为二种：(1) 自然光源，即日光和月光，是平行照射的光；(2) 人工光源，即由各种类型的照明工具所发出的光。

(二) 日光、月光光源单一，光照效果受季节、气候、时间（晨、午、傍晚、深夜等）以及自然地理条件如尘

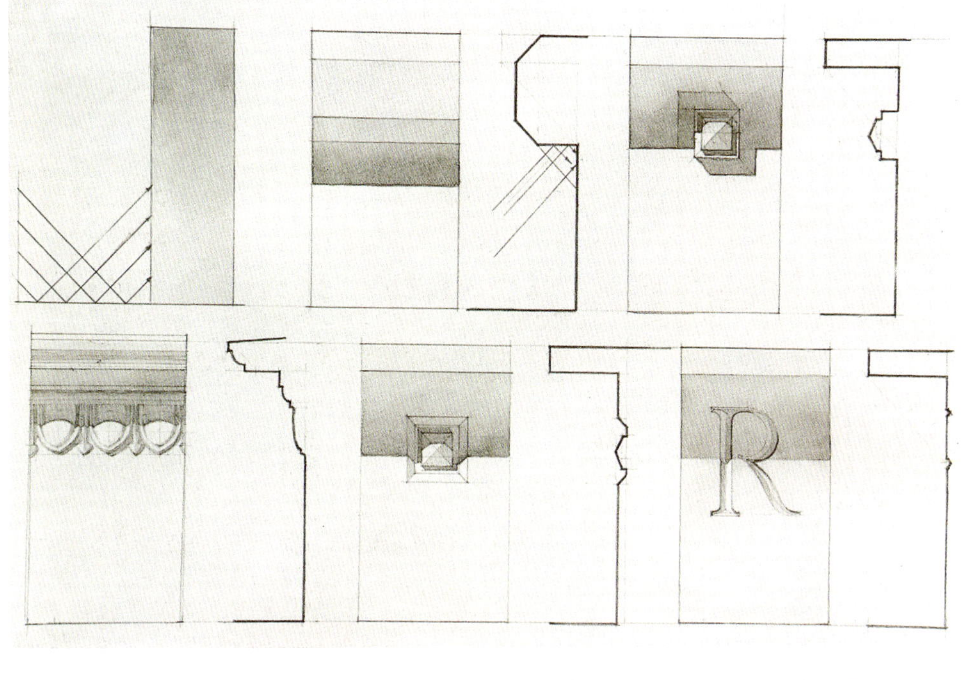

1	2	3
4	5	6

图 1-1

光照效果示意：正立面中的直接光照产生的阴影、高光、退晕及反射光照产生的反阴影、反高光、反退晕

1 建筑物受到地面反光产生退晕。

2 反光产生阴影内的退晕

3 反光产生阴影内的反高光、反阴影

4 阴影内的箭蛋装饰纹样上产生反阴影及反高光

5、6 直接光照与反射光照产生的阴影及阴影内的反高光、反退晕反阴影。

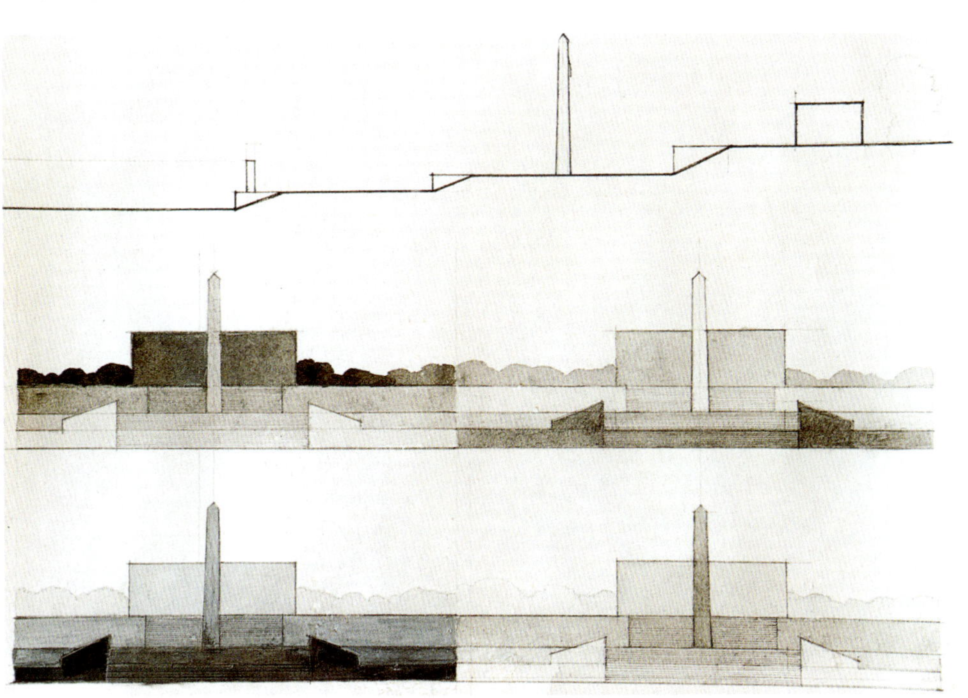

1

2	3
4	5

图 1-2

建筑表现图中明暗层次：建筑群中的远近层次

1 建筑群布局的剖面，图示各建筑之间的距离

2 越远越暗

3 越远越亮

4 纪念碑最亮，距纪念碑越远越暗

5 纪念碑最暗，距纪念碑越远越亮

埃、雾、雨、雪等影响。

(三)人工光源不受自然条件的影响。它不是平行照射的光。人工光源可根据人们需要组织多种光照以取得预期的效果。

(四)室内设计往往考虑多种光源产生的不同的综合效果。对室外建筑形象,则要考虑自然光和夜间人工光照的效果。这种综合光照效果十分复杂。

二、光照效果分析

(一)直接照射 光线直接照射在建筑物上产生的光照效果:阴影、高光、退晕。

(二)反射光照射 光线照射受到地面或建筑物某部位、或旁边建筑物或相近体面产生反射,这种反射光给建筑物的表面产生了退晕、反阴影、反高光等效果(图1-1)。

建筑物建造在地面上,地面受到日光照射,产生了反光,建筑表面出现了均匀退晕现象,上部暗而接近地面部分较亮。由于还有其他因素影响,如接近地面的灰尘密度大,产生了建筑物接近地面部分暗,从顶到底形成从亮到暗的退晕。这也是常见到的自然现象(图1-1)。

三、建筑表现图需要的光照效果

有时要利用光照效果表现建筑物的某种气氛和效果,往往用夸张手法处理以取得这种效果。

(一)自然现象中建筑群的层次感和建筑物各组成的体量间的层次

由于空气中的尘埃及细小水珠影响人们的视线,使人们观察近的建筑物清晰而远处的建筑物则模糊,明暗对比弱。这是一种自然现象。由于这种现象的存在,出现了物体群中远近层次感。在表现图中可以把远近建筑物的层次、距离拉开,表现出真实感。这种现象在绘画中有时又被称为空气感(图1-2)。建筑物本身各组成的体量间也有这种现象(图1-3)。

(二)夸张层次效果用于表现图中层次的设计(图1-4)

一组建筑群以主要建筑物为焦点所在的建筑。可以设想几种方式以突出这一焦点所在的面。一幢建筑有几个体量组成,以一个面为焦点所在的面。也可以设想几种方式以突出这一个面。

1.距焦点所在的面越远的其他面(或在建筑群中距焦点所在的建筑越远的建筑)越暗。

2.反之,距焦点所在的面越远的其他面(或在建筑群中距焦点所在的建筑越远的建筑)越亮。

这里讲的建筑群中焦点所在的建筑及一幢建筑中焦点所在的面,都是表现图中希望人们注意的部位或建筑

1	2
3	4
5	6

图 1-3 （左页）

建筑表现图中建筑物本身各组成体量间的明暗关系

1 立方体、球体、圆锥体的组合，前后依靠明暗及阴影分出层次。各种体型本身的明暗、阴影变化和高光都不相同

2 立方体组合体依靠明暗、阴影表现出层次效果

图 1-4

建筑群体远近层次设计及建筑表现图中作为景框的近景

1、2 建筑表现图中建筑群体中各建筑的远近层次

3、4、5、6 几种不同的景框近景和主题建筑。这是几种图面构图方案

物。这种设计即是人为夸大了自然现象。如在建筑群中完全按照自然规律越远越模糊越浅，则无法重点表达人们所要突出的建筑物。如在许多体量组成的建筑物，则无法表达人们所要突出的部分。

（三）表现图面上的景与框

建筑物越靠近人的时候，当人们看远处的建筑物时，则这靠得很近的建筑物会显得很暗。这是一个视觉上的自然现象。如以一幢建筑物或一建筑物的局部如侧面墙、拱门、栏干等作为靠得很近的近景，人们靠近这些建筑物看远处建筑，这一近景即形成一个很暗的近景或形成一个景框。靠近人的树和枝叶也有这种作用。用它们来衬托远处主要建筑（即焦点所在的建筑物）使得表现图中主体建筑物更为突出。这种图面设计不是虚构的，而是基于现实中的实际情况加以适当利用和夸大，如：人站在一幢建筑侧看主要的焦点所在的建筑，或人站在一棵树旁看主体建筑。这里人站立的旁边应是存在或总体布局上确实有这样的一幢建筑或一二棵大树。否则是不真实的。过去曾在古典建筑设计的教学中以此训练学生抽象构图能力。这种构图作业又称为图面构图(Sheet Composition)。用道路对面、侧面的建筑或人行道树形成景框以陪衬突出主要建筑在建筑表现图的构图中还是十分有益的（图 1-4）。

（四）建筑表现图中主要建筑物受光照强弱不同的面和背景明暗的组合上可以有几种方案供选择。关键在于如何更为有效地表现建筑物的主要面。必须认真分析光照对建筑及背景透视中产生的最暗、次暗、亮面即俗称黑、灰、白三种面或最亮、次亮、暗。以实际的二点透视中的建筑物为例，天空（背景）、建筑正面、建筑侧面三个部分的亮、次亮、暗面组合有下列几种可能（图 1-5）：

天空—亮　　建筑正面—次亮　　建筑侧面—暗
天空—次亮　　建筑正面—亮　　建筑侧面—暗
天空—暗、　　建筑正面—亮　　建筑侧面—次亮
……

这样可以得出九种不同的可能情况供选择。这种图面设计是以实际受光产生的效果为依据，同时以能更生动地表现建筑物为原则。可以适当夸大，但不能脱离实际。

在二点透视图中，往往采用建筑正侧两面受光来表现建筑物，因为，这样两个面都可以产生阴影效果。只要一个面受光强，另一侧面受光弱则可产生生动的效果。在二点透视图中，如正面面积大而受光弱侧面很小

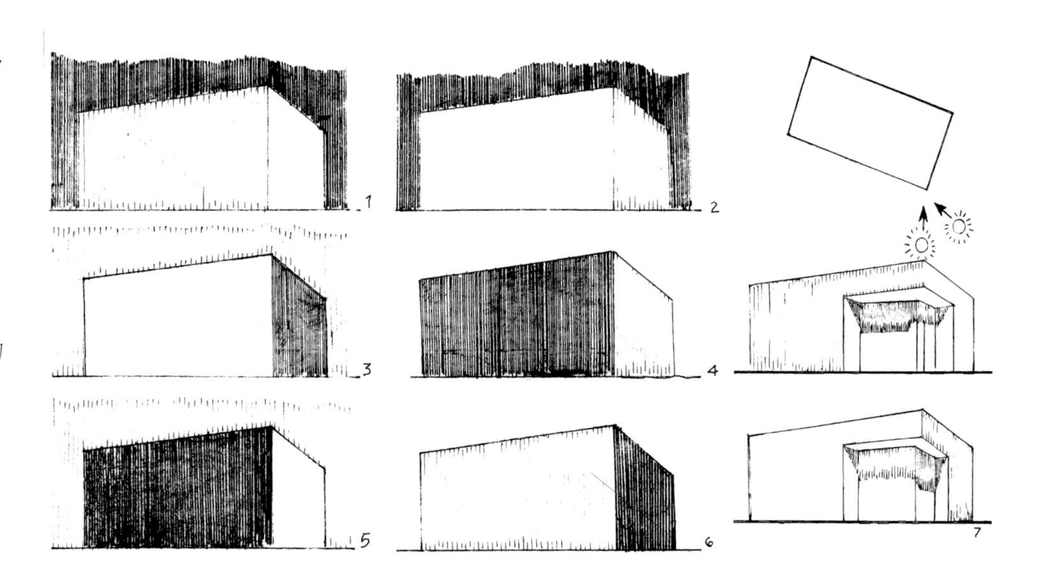

图 1-5
建筑表现图中建筑物几种不同的受光效果
1 正面灰侧面白背景黑
2 正面白侧面灰背景黑
3 正面白侧面黑背景灰
4 正面黑侧面灰背景白
5 正面黑侧面白背景灰
6 正面灰侧面黑背景白
7 二种不同方向的光照产生不同的明暗及阴影效果

1 2
3 4

图 1-6
建筑表现图中的焦点
1、2 明陵方城明楼
1 焦点在明楼的拱券部位
2 焦点在方城的拱门部位
3、4 建筑有两个入口
3 焦点在建筑左端入口部位
4 焦点在建筑右端入口部位

而受光强，则可以利用正面中的许多小侧面如门窗洞等产生的亮面与阴影组织丰富的外形。

鸟瞰图中建筑物表现多一个面即是建筑顶部，即两个墙面和一个顶部面，情况略为复杂。必须把顶部面和地面、远处天空的明暗设计好。否则容易产生明暗混淆的情况。见第六章第一节。

（五）视觉焦点的选择及其光照效果

视觉焦点所在往往是光照效果明暗对比最合适的部分。在一群建筑或一座建筑和它周围环境看来，焦点所在即是设想图面中让人注意、最为突出的部分。这一部分被周围的过暗或过亮部分衬托出来，或由周围部分逐渐向焦点所在部分退晕，由虚、对比弱而浅到对比强而深的退晕，吸引人们视线集聚在焦点所在之处。这种处理的方法在绘配景时也经常使用。如地面在表现图中即可作适当夸张，将地面的透视感觉用明暗退晕和地面上的阴影结合使建筑物入口或焦点所在部分突出（图1-6、作品图页 2-33）。

在大面积的建筑群体的鸟瞰图中，渲染前先将焦点所在部分四周渲染成暗色，逐渐退晕至焦点所在部分。或反之，将焦点四周渲染成浅亮对比弱渐渐虚、模糊，而焦点所在则对比强、清晰，以突出焦点所在部位。在鸟瞰图中根据自然现象近处清晰对比适当，远处虚、模糊、浅、对比弱。但如在大片的建筑群中我们希望焦点所在之处不是近处，却又要求明暗对比适当、形象清晰。这种矛盾在绘鸟瞰图时往往采取如上的虚其周围突出焦点的办法解决。

（六）局部背景的衬托

有一有趣的实验 ： 将一根头发拿在光亮背景前观察头发是暗的，如把头发放在黑暗背景前观察则这根头发看来是亮的。这种自然的光照效果，应用在建筑表现图中也是一样。明亮背景前的建筑表现暗，而暗背景前的建筑表现明亮。建筑的局部这种现象更为明显，如砖烟囱在瓦屋顶上，必须把屋顶画亮些，烟囱与屋顶接近处画暗些。或相反，以求得屋顶与烟囱能明确分开。天空的明暗可以作为陪衬建筑正体的背景。建筑物暗部可设计为背景亮些，而建筑物亮的部分背景可设计为暗些，如有云的天空即可人为地渲染成为明或暗以衬托建筑物。在高层建筑设计中，底层在城市街道上人们走近才看得十分清楚，而其顶层，则在远处人们十分注意，唯有中间部分受城市尘埃影响模糊不清，同时城市建筑物也遮住了人们的视线。因而底层可以十分清晰地描绘，顶端也可用天空衬托突出其设计的造型（图1-7）。衬托是一种变化灵活的技法，既可以明暗对比衬托，也可以是冷暖色的对比，也可以是二者兼而有之。如在画树时即可以远浅近深或反之，也可以远冷色近暖色或反之视其衬托作用而定。

（七）定色调，定明暗关系

定色调是根据建筑设计方案中建筑色彩几种色稿的草稿比较选定。比较几种不同色彩的分布、组合关系以及建筑物各种建筑材料、涂料色彩质感等组织的色稿以作最后选择定稿。

在作渲染之前，又必须考虑渲染时的程序。先定出色彩最暗或最亮部分。而后再调正、决定其中间各个明暗层次。由于水彩渲染可以用覆盖叠加法渲染，因此，也可以从浅、亮开始，一边渲染，一边观察比较色彩的明度、彩度，逐步达到要求。在经验不足时，从事水粉渲染则最好先定明度、彩度最低和最高阶段的色彩，而后再分别调正决定各个明暗层次的色彩。以免无所适从，比较稳妥。水墨渲染表现图中无色调变化，仅明暗变化。水墨、水彩渲染一般可先定最暗部色调。而后是一边渲染一边观察，最后再定。

1	4
2	5
3	6

图1-7
建筑表现图中背景对建筑的衬托作用
1 海水衬托建筑物——亭子
2 天空衬托建筑物——纪念碑
3 树木衬托建筑物——小住宅
4 墙与绿化相互陪衬
5 山林衬托建筑物——别墅
6 城市建筑物衬托前面的建筑

第二章 水墨渲染

一、水墨渲染的实用价值

（一）水墨渲染在教学及建筑设计中的用途。

水墨渲染是一种比较古老的建筑表现图渲染技法。在过去很长一段时期内用于渲染西洋古典建筑的表现图和建筑教学的基础训练。过去称为Indian Ink Rendering，现在则称为Chinese Stick Ink Rendering。水墨渲染技法是一种十分严谨的渲染技法。因此，现在虽然以西洋古典建筑为基础教学的建筑教育体系久已废弃，教学方法也发生了重大的变革，但作为培养建筑师学习古典建筑仍然有着重要意义（作品图页1-4、图2-2 a）。水墨渲染作为无彩色的渲染技法学习基础仍然不可能以单色水彩代替。水墨渲染在排除色彩因素的干扰对光照效果分析犹如描绘石膏头像模型一样仍是十分必要的。况且在近代建筑设计中也有不少人只用黑白表现明暗的表现图来显示建筑造型取得优异的效果。例如，抗日战争胜利后，曾拟在上海外滩淮海路口修建一座胜利门，在方案竞赛中戴念慈先生以水墨渲染表现一对巨大石鹰的方案获得首奖。这是当年竞赛方案图中唯一采用水墨渲染技法表现现代建筑的方案图。又如1963年古巴在为纪念在吉隆滩抗击入侵胜利征求纪念碑设计方案国际征稿活动中，波兰建筑师获奖，获奖的表现图即是黑白的表现图。

在国外目前仍有一些建筑学教材中把水墨渲染技法作为基础训练的作业。

黑白之间即是从受光极强到完全无光之间的明暗层次变化可以分得十分细致，而其他颜色都不如水墨。如用深紫、蓝、褐色代替，实无必要。用水彩颜料的炭黑即可。

（二）学习西洋古典建筑水墨渲染是一种必要的手段。

因为西洋古典建筑在希腊时期尚以彩色装饰建筑，后即渐渐多以单一浅色石料建造。线脚纹样十分精致。要表现这样精致的艺术品，只有用水墨渲染描绘。这正是何以古代建筑师不采用多种色彩表现古典建筑的一个主要原因。以希腊古典建筑开始的西洋古典建筑的造型艺术是以光照效果来表现，这正是由于西洋古典建筑之发源地希腊位于阳光明媚的爱琴海边的结果。当时建筑师深入分析了解光照对建筑造型影响至深，而在石料建筑上刻意追求光影效果。也正是如此，学习西洋古典建筑用水墨渲染有其独到之处，决非当时建筑师不能用彩色表现石料建筑。从作品图页1-2～5中可以看到用水墨渲染西洋古典建筑可以对光影分析、描绘，刻画细腻。古典理性主义是西洋古典建筑造型艺术的特征，水墨渲染也正反映了这一特征。用水墨渲染来表现古典理性主义的产物——西洋古典建筑是可以理解的。学习西洋古典建筑的艺术造型，用水墨渲染认真刻画即使一条极细的线脚，也会产生生动的明暗变化效果，得以表明理性的美学意义。在描绘过程中可以加深理解光照对建筑产生的效果，即使在现代建筑中也是如此。这正是许多建筑教育家仍然坚持以水墨渲染西洋古典建筑表现图作为教学基础训练的重要原因之一。

何况，理解光照产生的明暗效果首先应排除色彩干扰，犹如素描之于油画。素描作为油画乃至雕刻等艺术学科的基础，以素描的线条描绘的深浅充分表达出明暗关系解剖造型的变化。同样水墨渲染也正是把排除色彩的干扰和剖析建筑造型的变化作为基础训练。

二、水墨渲染与彩色渲染的对照

水墨渲染程序、技法都是水彩渲染的基础，二者有着密切的关系。

（一）水墨渲染的局限性 水墨渲染这种单一色彩的表达能力在表现多种色彩的建筑材料和不同的质感时，犹如以黑白照片拍摄色彩缤纷的世界，也确是有很大的局限性。只能把各种不同色彩及其明暗变化都翻译成为黑白的明暗变化以示区别。例如作品图页1-4中黑色表示青铜的香炉、大门，从暗到明表现天空和水等等。往往给人以误解，天空似乎不是深蓝并有紫色退晕，到地面是亮微黄红色，而是午夜有地面反光的天空。水墨渲染表现图如同看黑白照片，人们要在头脑中进行翻译，把彩色世界翻译成黑白照片。当人们观察照片时又要把黑白照片在头脑中翻译成彩色。而建筑物在这两次翻译过程中必然产生误会。中国古代建筑的细部如作品图页1-7即是以水墨表现朱红柱子、彩画、菱花隔扇及走兽。柱子是蓝、绿还是朱红，则难于辨认。走兽是蓝、绿、黑、紫，也难于辨清。而中国古代建筑的特点之一即是色彩丰富，大不同于西洋古典建筑。即使西洋古典建筑，水墨渲染也仅能描绘其建筑体型，铜门、装饰、香炉还有绿树、水池就无能为力了。

(二) 水墨渲染与彩色渲染区别

水墨渲染是一种表现无彩色的明暗变化的方法。彩色渲染则是彩色复杂的渲染。水墨渲染仅表现明暗(dark、light)，即无色彩的明度变化，而彩色渲染则按自然真实情况表现色相、明度、彩度共同的变化。明暗变化只是在色彩综合变化之中的一个要素的变化。这点将在彩色渲染章节中详述。

三、水墨渲染的准备工作

(一) 选择渲染用纸：水墨渲染要求最高。由于水墨渲染用水多，纸的韧性十分重要，要用能经得起多次擦洗、质地坚实的纸。纸的表面不宜光滑，也不宜过分粗糙。一般用于水彩画的画纸即可，纸面压有粗糙的面不宜使用。一种质地松散下笔即洇的纸也不宜使用。水墨渲染刻画十分精细，所以面层过粗不利于细致渲染。

裱纸 (Mounting the paper)：裱纸的方法有几种：(1) 干裱，即将纸四周折起15mm，将水浸湿中央部分，四周折起的边上涂满浆糊或胶水贴在图板上，一边贴一边拉，尽量使纸平正。中央置毛巾浸湿，待周边稍干即可取走湿毛巾。由于四周边未浸湿，纸中央部分已浸湿伸开，因此膨胀不均匀，易出现边角不平。浸湿毛巾放在纸中央以放慢图纸干燥速度，以免中央干燥过快四边未干而被扯坏。但要求纸质坚韧，否则容易泡坏。

(2) 湿裱即将纸泡湿，后在四边涂浆糊胶水或用宽胶带纸贴在图板上。这种方法的缺点是四周纸边已湿不易贴固。

以上方法在裱好图纸后再在四周纸边加贴一纸条，一半贴在纸上，一半贴在图板上加固。

(3) 框夹裱纸，即将纸浸湿四周纸边压在图板边缘，再用木条夹紧。也可先夹紧后再浸湿纸，拉紧后再钉紧木条。

无论哪种裱纸的方法，都要注意拉紧，拉紧时二个方向宜用力相同。如图面画垂直建筑型体则横向拉紧些，如为水平建筑型体，则垂直方向拉紧。

(二) 选墨：过去多用墨锭研磨。墨锭以松烟少油者为好。墨汁研好后，将墨汁盛在小杯中，放在稍高处，用棉或布条，浸湿后一端放在盛墨的小杯中，一端放在稍低的另一小杯中，利用虹吸原理，墨汁即慢慢导入下面小杯中。如是两次，即可装入小瓶备用。这种墨汁只可供一周使用，时间过长即会出现渣滓不宜再用，必须重作。为此，近年也有利用国画墨汁墨膏，但油性大则不宜。可以使用水彩颜料中的黑色与炭素墨水各半混合加水冲稀后，经过滤二次即可使用，效果相同。墨中加淡茶水，茶水带有一定碱性，渲染时有清洗作用，使渲染后图面退晕均匀。这是东南大学创用。在实际工作中，也可单独使用水彩画炭黑。本书插图即单独使用水彩画炭黑，如发现有渣滓，可以过滤一遍，此法经使用多年，效果尚佳。

(三) 选笔：一般选用狼毫，取其有弹性，羊毫也可用，只因过软难于运用自如。建筑表现图的渲染和图画不同。配备大、中、小三种，并备极细的画笔，如画图用笔中衣纹、叶筋都可备用于描绘极精致的纹样。笔宜用热水浸开，每次画完应彻底清洗后保存，不留余墨在笔毛根部。当然使用水彩画笔也可。

(四) 清理图面：铅笔线稿完成之后，应先用馒头屑擦一遍以清除铅笔尘屑，再用淡土黄水或淡肥皂水或茶水清洗后再用清水清洗一遍后即可开始渲染。

四、水墨渲染操作基本技法

水墨渲染表现图的特点有三：(1) 总的色调浅；(2) 层次分明；(3) 渲染完毕线稿仍清晰可见。

水墨渲染基本技法有三：(一)“洗”的方法 (Rendering in Wash)；(二) 直接法 (Direct Method)；(三) 分格叠加法 (French Method) (图2-1)

(一)“洗”的方法即是将图板倾斜约10~20°。渲染时用笔将水或墨水从上涂在纸上后用笔引导墨水平行往下流淌。笔的作用不是直接画在纸上，而是引导墨水。墨水流过即将墨色固着于图纸上。如渲染时在一小杯中盛着墨汁，用笔将墨汁水平涂布在纸上慢慢引导其平行流下，墨色不变，纸上留下的墨色也不变，即是无退晕的渲染，又称平涂 (Flat Wash)。如在用笔引导图纸上积着的墨汁逐渐淌下，同时在小杯内稍加浓墨 (过滤好的浓墨) 使杯中墨水颜色加深。再将这加深的墨水调匀后用笔涂布在图纸上的积水墨中调匀，使积水加深，再用笔引导使之平行淌下。如此重复，图面上的墨水逐渐变深，慢慢平行淌下。每加深一次，往下淌约30mm。墨水逐渐变深淌下，留在图纸上的墨迹从上到下，也逐渐均匀变深。此即从明至暗的渲染方法，即是退晕(Grading)，从浅到深、从明到暗的退晕。反之如开始用杯中较深的墨水，用笔涂在图纸上，而后加水冲淡杯中的墨水，再用笔把冲淡的墨水加在纸上原积得较深的墨水中调匀，则纸上的墨水随着笔流下的同时被笔从杯中逐渐冲淡的墨水调和逐渐变浅，则从深到浅的墨水流淌过图纸后留下了从深到浅的墨色，即是从深到浅、从暗到明的退晕。这种退晕的方法必须重复多次，才能达到一定深度的墨色。从深到浅的渲染也必须重复多次，更不能用很浓的墨汁开始。一般说来从明到暗，即从墨色浅甚至从清水开始逐渐加墨，比较容易成功。可以在杯内盛清水开始渲染，先渲染出40 ~ 50mm后再开始加墨容易得到十分透明的退晕。要注意渲染用笔不用作调深或浅用的笔。一支笔专用作调杯中墨水之用，另一支笔则只用于渲染之用。

注意:

(1) 从暗到明的渲染较难。开始把杯中墨水调至一定深色，每渲染30 ~ 40mm后，用第二支笔加清水于小杯内调匀，再用第一支笔调出画在纸上。墨色要多深才能渲染到最后达到预期浅色不易掌握。因此，初学者可采用从明到暗、逐渐加深，如最后墨色不够可多加几遍，只要每遍都从清水开始，遍数虽多也不易失败。

(2) 渲染从明到暗，最后收尾时往往因上部已稍干而最后积墨甚多，水墨向上泛起形成十分明显的墨渍。为避免这种情况出现，可以在距下边缘约50 ~ 70mm处即将墨水积水收干到最少，用较干的笔将最后50 ~ 70mm部分干涂完毕，使上下墨水同时干固无积存墨水泛起。

(3) 靠线十分重要。靠线又称守边。渲染时如墨水

1	2	3
	4	5

图 2-1

水墨渲染的退晕及分格叠加退晕

1 从明到暗的退晕

2 从暗到明的退晕

3 平涂（无退晕）

4 分格叠加退晕

5 分格叠加退晕法应用于渲染狭长的线脚阴影明暗退晕变化

出线不多可用干净手指把墨水往线内抹回。而后再按原线重新靠线。因图中有深浅、粗细不一的线，靠线十分重要。建筑物与天空衔接的轮廓必须稍粗，色深以防渲染出线。要求无论渲染多少遍犹如一遍完成，靠线必须准确整齐。

(4) 在渲染过程中，在未干的图面上滴了清水使原墨色渗开留出浅底。此时不急于修补，待干后修补。如在未干的图面上滴了墨点，可将清水滴入墨点使之淡化，用笔吸干，待全干后再修补。在已干的图上滴上清水可不处理，干后自然平复。在已干的图面上滴了墨滴，也可用大量清水冲洗，但绝对不能用笔去抹，即使滴下墨汁较多也只要用一大盆清水冲洗即可将墨汁冲去。如用笔抹则会将墨迹固着在图纸上而难以洗去。

(5) 第一遍未干透绝对不能再加第二遍。

(二) 连续着色法 (直接法) (Direct Method)

将墨色、清水或浅墨色直接加在图上，连续地将墨色或清水加在图纸上原有积的墨水之中使之变深或变浅。这种渲染退晕往往是不均匀的，只能用于渲染有复杂纹样部位的阴影。因为在渲染阴影后即可描绘纹样的反阴影、反高光，人们看不出阴影的不均匀退晕。

(三) 分格叠加法 (French Method) (图 2-1)

在狭长面上要作一退晕，或在小曲面上表现明暗变化，不可能采用"洗"的方法。也不可能用直接法，因为会产生不均匀明暗退晕。可以按曲面、按其断面曲线均匀分成小段投影在狭长面上，顺长面绘出一条条狭长条，根据受光强弱，用浅墨水平涂，亮面少几遍，暗面可以多涂几遍，最亮面或最高光所在，则平涂遍数最少。以这种方法获得退晕，表现狭长的曲面上的阴影。虽然退晕是一格一格地变化，但相对来说是十分均匀的。这种技法在早年绘制西洋古典建筑复原图时经常使用 (作品图页 1-2、3、5)。

注意：

(1) 高光 (High Light) 是受光最强的部分，严格说是十分狭小的点或线。这种高光即是第一次涂底色时的墨色，十分浅，并应有微弱的退晕。不允许渲染完成之后用橡皮擦出高光，也不允许事后用白粉画出高光。每遍渲染时都应留出高光。渲染高光之前铅笔线稿不能预先画出高光，应在渲染时不靠线而在线的边缘处留出极浅的高光。这是一件难度较大的技巧。

(2) 阴影内的反高光、反阴影。阴影内不是一片漆黑，而是有反射光线造成的反高光、反阴影出现。因此，在渲染完整片阴影之后再渲染阴影内的纹样细部出现的

图 2-2 a
水墨渲染程序示意：
唐代经幢的渲染程序
图 2-2 b (右页)
水墨渲染程序示意：
一现代纪念碑的渲染程序

反高光、反阴影，以表现阴影内丰富内容。这是一件十分有趣的工作。当渲染完反高光、反阴影后十分生动的阴影即呈现出来，阴影内的细部历历在目，阴影是透明的而不是漆黑一片。

五、水墨渲染的程序（图 2-2 a、b，作品图页 1-4）

（一）线稿：用铅笔绘线稿或用防水墨水绘线稿。水墨渲染可用浅色防水的墨水画线稿，干后不易褪色。但也不易修改。线稿的精细十分重要。总的轮廓线应稍粗并刻画稍深些，以便多次渲染天空时靠线准确。渲染前应把阴影全部画清楚，包括反阴影都不宜用粗线。

（二）馒头擦图要轻，将铅笔灰尘清除净尽。

（三）用淡土黄色（或碱性不大的肥皂水或淡茶水）清洗图面，清除油垢。再用清水洗一遍。

（四）浅墨（极浅）平涂或极微弱退晕一遍，不留高光。这一层水墨即是高光色。

（五）渲染天空，渲染开始应浅，使图纸纤维吸收墨色几遍后，再逐渐加深。天空已渲染到一定深度时，渲染建筑物及地面退晕。这时建筑物及地面尚未渲染，天空可能显得深些。因此，往往感觉天空很暗，水墨渲染晴空犹如午夜。在建筑物分层次、渲染阴影后，则又感到天空墨色不足。宜重复渲染天空、地面等。此时，可能又感到建筑物墨色不足。应反复比较以逐渐明确明暗是否适度。在最后几遍渲染天空时先画远树，再渲染天空，此时应连同远树一并覆盖，使天空远处与远树溶为一体。

（六）渲染主体建筑

(1) 分层、分面，将建筑各组成部分按远近层次分出，远墨色深近墨色浅。将各个受光面按其受光强弱分出。必须注意留出高光。

(2) 渲染阴影，远处阴影墨色浅，近处墨色深，注意阴影边缘墨色深，接近地面墨色浅，表现光照退晕效果。

(3) 渲染反阴影，注意留出反高光。

(4) 协调天空与建筑的明暗关系。

(5) 渲染细部，如装饰、雕刻、特殊材料质感的小品等等。注意表现不同质感，表现线脚明暗变化，可采用分格叠加法。

(6) 渲染建筑墙面上影子及石墙的微弱变化。挑出石块使墙面生动。注意踏步的退晕，靠近建筑的踏步越深或越浅，视分层次的明暗原则而定。踏步每级都应留高光。

（七）建筑材料质感

(1) 粗石，多用沉淀墨色，即未经过滤的墨汁，但勿使用已过滤的过期的墨。未过滤的墨有细颗粒，过期的墨有小墨块。石料墙的渲染是先作正体渲染后，石料中略有色泽微差再适当加深几块，即挑石块（Pick up stone)，但不宜很深，浅浅地加几块，并注意其分布在墙面的位置，使得石墙表现更为生动。

(2) 古铜，以暗色调及高光表现古铜质感，高光稍柔和，有一极细微过渡与深色联系。

(3) 琉璃，以暗色调及高光表现琉璃质感，琉璃在烧结时悬挂在窑内，釉色向下流淌，形成每块琉璃色彩都有同样的退晕变化。水墨渲染无法真实表现琉璃色彩，只能用墨色浓淡示意其颜色。又如朱红油漆柱子、门扇都只能用墨色明暗表现。原则上不用水墨渲染色彩丰富的建筑。

（八）配景的画法

(1) 树丛林木，远近层次分明。远树宜溶于天际，层次分明但不见单体。近树成独立体形而不见枝叶，不宜过于清晰。只有很近的树，如在建筑附近或在建筑前面，可画枝干、树叶。

(2) 地面可分三步渲染。1) 从远（接近建筑物处）至近墨色从浅至深。可不均匀退晕。2) 从远至近加地面的阴影，靠近图面焦点处应略明。3) 加树影，从远至近墨色从浅至深，树影从细至宽，表示透视效果。树影是许多扁圆形组成，越远圆形越扁。

(3) 池水可分四步渲染。1) 从上至下、从明至暗可不均匀退晕。2) 如实画出岸上建筑及绿化树木。3) 画出水波、涟漪，从上波密扁至下疏而宽。4) 加重在波处倒影，远处墨色浅，近处墨色深。

也可用湿画法，从上至下退晕，墨色上浅下深。墨色未干即将倒影如实画上，使出现洇渗形成模糊倒影。这种倒影表现微风吹起的水面。水面如有荷叶、浮萍应事先在铅笔画稿明确表示，以便退晕时留出。湿画法必须一次留出，后再补缀墨色深浅的波纹。

（九）修补与改正：水墨渲染墨色固着性很强，如果画错或有污垢改正修补比较困难。这即是水墨渲染的严格训练的用意。

(1) 渲染靠线不慎，出线不多，可用干净手指向线内抹去，也抹去线内墨水，再重新用原色较干笔重新描一遍即可重新准确靠线。靠线必须十分准确，务使渲染多次仍如一次渲染。

(2) 在渲染过程中，未干的图上滴了清水致使墨色渗开形成白底、浅底色，可不急于补缀，待完全干透后用浅色补齐。如滴上深色墨点应立即加清水稀释，待干后再行补缀。一般深墨色部分易修补，浅处难修补。

(3) 在已干透的图上滴上墨点，可以用大量清水冲洗即可复原。切勿用笔抹，笔抹之后墨色即固着于纸上，再清洗即十分困难。在已干透的图纸上滴上清水，可任其干透即复原。

(4) 如有严重失误，如画错线稿，渲染时明暗错误等，可先用海绵清洗，务必清洗净尽干透后再修补。一般墨色深部分清洗改正后再作正片渲染，即看不出修补痕迹。

(5) 修补方法，一用水浸湿纸面，用细笔沾少量浅色墨汁点或画，边缘部分可用净布或棉花球压干。反复几次至墨色一致为止，或用硬铅笔直接修补后再全面渲染一至二遍即可消除痕迹。铅笔画在纸上有反光，必须再次用清水覆盖一遍。这种补缀方法在天空顶部墨色较深部修补易获成功。因为天空退晕面积大极易失误，但只要保住天空中部洁净、退晕均匀即可。天顶墨色深处易于修补，而接近地面处有远树可以遮住污渍。

注意：

(1) 用“洗”的方法作大面积渲染后，可将板竖起排尽水分。湿后出现高低不平，应顺凹槽竖起图板排水使墨水垂直凹槽淌下以免墨色积在凹处。

(2) 未干透不要再画第二遍。

(3) 画完图必须彻底清洗毛笔，务使笔毛根部不存积墨。清洗绘画杯、工具不留墨迹，因墨迹干后再盛墨、水都会出现渣滓，会使渲染完全失败。

(4)水墨渲染基本技法原则上说可以用于水彩渲染。

第三章 彩色渲染前的准备工作

一、色彩学基本知识

建筑物的色彩是建筑形象十分重要的组成要素。建筑物的色彩表现受着多种因素的影响，如建筑物所处的环境、建筑材料的本色、光照的光源性质等等。建筑物所处的环境，如自然景色、城市环境等都影响着建筑物的色彩。建筑材料本身有天然材料、人造材料。前者可由人们选用，后者可由人们制造，甚至可以用涂料加工。各种不同光源，如日光、月光、人造光源照射在建筑上也可以出现不同色彩效果。

(一) 光与色的关系　人的视觉所感受到的各种色彩大约有800万种。这是由于色光对人眼神经的刺激产生的效果。

我们对色的感受是来源于光。光是可以用三棱镜分解得到。根据其光波不同，通过三棱镜折射，产生多种色光。如日光，不通过折射为人的眼睛视觉神经全部接受，即所谓无色的光。当无色的日光照到建筑物的表面，一部分被建筑物表面吸收，一部分反射到人的眼睛，使人的视神经感受到。日光经三棱镜分解证明有赤、橙、黄、绿、青、蓝、紫七种色光。日光照在建筑物上经建筑材料吸收了一部分，反射了其余部分，使人们感觉到了反射来的色光十分复杂，并非七色光中几种，而是几种光各自不同成分组合进入人眼。这种复杂的色光，刺激了视神经，使我们看到的是一个五彩缤纷的世界。即使同样日光，因天气不同，照射到地面的角度不同，时间不同，大气折射效果不同也会产生不同的色光，照射在建筑物表面产生的色彩效果也就不同。

由此可知不同的色光进入人眼刺激视觉神经使之感受到不同的颜色存在。色光可以是来自光源直接进入人眼，也可能是照在物体上，被吸收一部分，剩余一部分被反射进入人眼。也可能是透过一透明体被挡住或吸收一部分，剩余部分透射进入人眼。人对色光的感知即是来自这些光源。色光对人的感知往往不是单一的，多是各种色光以复杂成分组合成的复合色光。但经证明，基本的色光仅红、蓝、绿三种，这三种色光已包含了所有各种色光的要素，如日光的七种色光。红、蓝、绿三种色光组合可以成为白光（无色光）。如组合成分不同，与日光相比，可以组合成带有微黄橙味的白炽灯光表现出的复合色光，也可能组合成带有微蓝色味的萤光灯表现出的复合色光。同样，光源不同，照射在不同物体上反射出的色光也不同。这反射出的色光即是使人感知的复合色即是物体的颜色。颜料即是使光源发出的色光反射出不同色光而使人感知复杂颜色的存在。用多种颜料组合可以得到许多不同的反射光源光色的颜色。这些颜色可能表现为单一色，也可能表现

1	2	3
	4	5
6	7	8

图 3-1
颜色的三属性：色相、明度、彩度
1 三原色色环
2 6色色环
3 12色色环
4 彩度（饱和度强度的变化）
5 无彩色及蓝、红、黄三色的明度变化
6 橙黄、黄受光照后的明暗变化
7 朱红、红受光照后的明暗变化
8 紫、蓝受光照后的明暗变化

为十分复杂的复合色。由三种基本单一色: 红、黄、蓝组合即可以得到千变万化的颜色，也可以得到混浊的黑灰色，或带有某种色味的灰色。

三种基本色光: 红、绿、蓝组合可得到无色光，即白色光。而三种基本颜料调制的颜色混合得到的是黑色。这即是由于色光的组合是光波的组合，而颜色的组合是颜料的混合反映出色光的色。这是一个比较复杂的现象，无法在此赘述。但是可以得知，建筑物的色彩表现是与光源、建筑表面的颜色和建筑表面吸收和反射光源色光的情况是密切相关的。

(二) 色的三属性: 色相 (Hue)、明度 (Value)、彩度 (Chroma 或 Intensity) (图 3-1)

(1) 无彩色的色: 即是白、黑及其间不同明暗的变化。从明到暗 (Light-Dark) 这种无彩色的色被称为无彩色。水墨渲染即是这种无彩色的色的渲染。有彩色的色如带红、黄、蓝或是它们组合的色被称作有彩色。彩色渲染即用这种能表现彩色的颜料的渲染。

(2) 无彩色表现光照产生的效果，只有明暗变化，即是只有明度的变化。但层次相对来说比有彩色的色的变化要多。有些有彩色的色明度变化有时很少，如柠檬

图 3-2 a
供参考用的色稿
选自 COLORIN SKETCHING AND RENDERING

黄。有的颜色如蓝、紫的明度变化多，但比无彩色的色明度变化仍少。所以，没有任何有彩色的色可以替代无彩色——黑色、白色。

(3) 有彩色的色：色相 (Hue)，颜色的名称即是色相。即使仅带有红味的色和带有蓝色的色，虽然都是十分微弱，但仍是不同的色相。基本色相是：红、黄、蓝，即是三原色。经过互相混合则出现多种色相：红+蓝=紫，蓝+黄=绿，黄+红=橙。如再进行一次组合，则又得出现更多的色相。如以不同色相、不同明度互相组合，则成为更为极复杂的色相。有彩色的明度 (Value) 表现在同一色相中的变化，例如红色有粉红明亮些，深红则暗。不同色如粉红、粉绿虽色相不同但有相同的明度。有彩色的彩度 (Chroma或Intcnsity) 又称强度、饱和度。无彩色即无彩度，水墨渲染则仅有明度 (Value) 作为度量明暗的程度。随着无彩色的色味增加，彩度增高，而达到这种色的最高色即是纯色。色环都是以纯色组成，否则难以比较。色的三属性具有三次元的要素，可视为立体的色的概念。

色调是取决于明度和彩度的综合关系，可以有明亮的色调，也可以有中明调，也可以有暗色调。可以作为

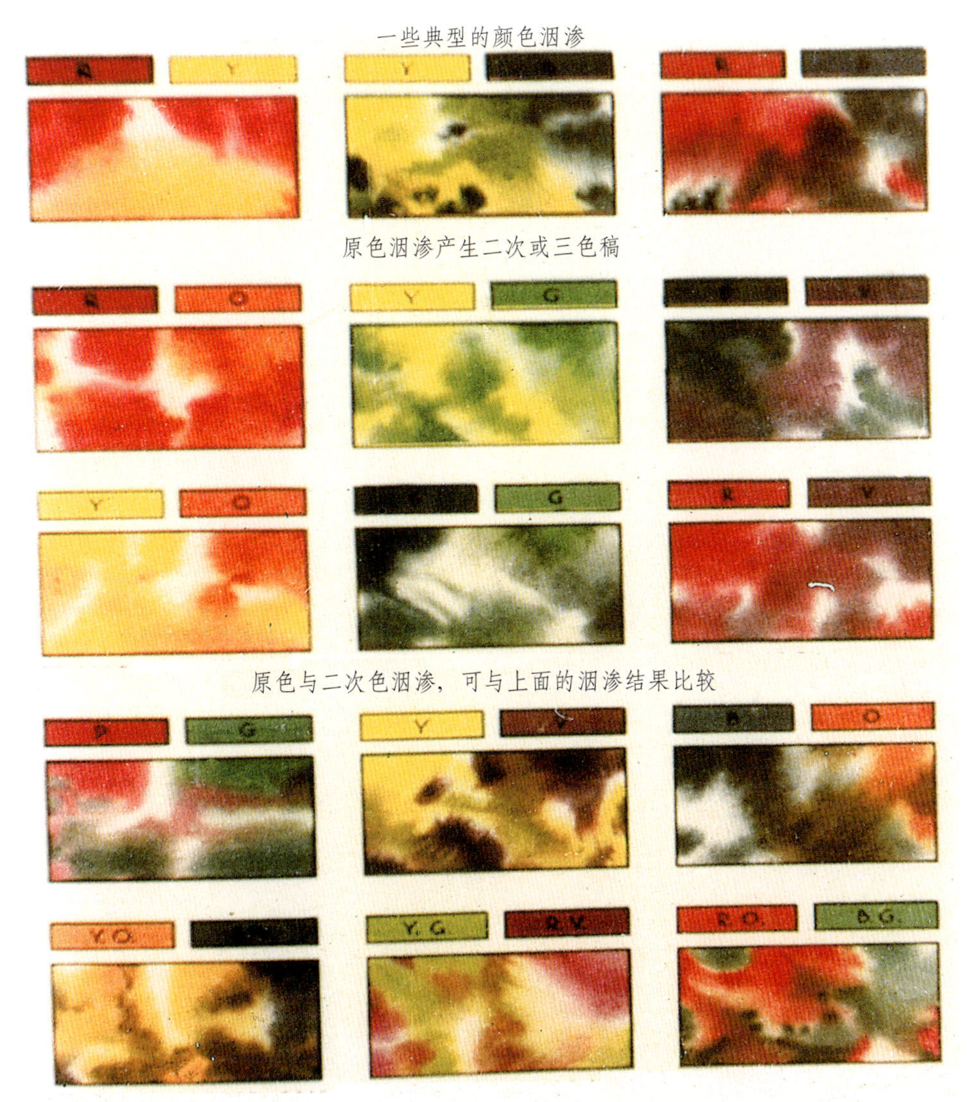

图 3-2 b
用洇渗法产生许多其他色彩
选自 COLOR IN SKETCHING AND RENDERING

建筑表现图中渲染同一材料受光照程度不同的部分（图3-1）。因此，无彩色渲染和水墨渲染，只有明度，而无色相、彩度的变化。单一色彩渲染也只有单一色的彩度和明度变化而无色相的变化（图3-3 a、4-3）。

二、建筑色彩的特点

（一）建筑材料的本色 建筑材料有天然材料和人造材料（包括涂料）。本身的色彩即带有光照因素影响。建筑材料本色和实际的色彩的表现有时相差很大。如水泥地面或墙面粉刷、砖墙面、贴面砖都有自己的色彩称为材料的本色。天然材料的本色与人造材料不同之处即是本色不均匀。即使同一产地、同一品种，如石料，色彩也难于完全一致。但这种色彩的不均匀往往正是建筑所需要的。相对来说人造材料的本色要均匀得多。即使如此，不同生产批号有时也会出现微弱差异。这种微差在渲染时用挑石块的方法来表现生动的建筑面层。

（二）光源 光源的不同在于光的强弱和对建筑表面材料色彩的影响。如在面北或面南的建筑表面，受光强弱不同，往往建筑面北的一面不宜再用灰暗色调的面材。又如日光和月光产生的光照效果不同，前者产生暖色，后者产生冷色。人造光源则可以根据预先设想的光环境设计、使用，人力能够在一定程度内控制。而对自然光源则只有控制建筑材料的本色以适应光源。建筑师利用这些人为的因素设计建筑外形的色彩，是建筑设计工作中十分重要的一环。

（三）建筑物所处的环境，对建筑物的色彩也起着衬托、加强或削弱的影响。万绿丛中一点红，是指在大量丰富的绿林中，红色建筑往往更引人注目。我国江南园林建筑多用白墙、灰瓦是因为江南四季常青。北京香山饭店在严冬季节，白雪覆盖下，它的白墙、青灰瓦即令人感到萧索、冷漠。北方冬季万木枯落，还是以多种色彩丰富建筑为好。如把南方建筑用在北方必须改造，否则难免遗憾。

（四）建筑设计工作中要考虑建筑色彩质感选用建筑表面材料。即：建筑材料本色及质地、建筑物所处环境、建筑物的性质、建筑物受光照可能给予的影响。此外，还应设计几种色稿（Color Scheme），供比较、选择、使用建筑表面材料（图3-2 a）。

三、色彩的转变及灰色

在彩色渲染过程中往往因光照的折射、反射产生光照性质的变化。如阴影部分受反光照射出现反光、反高光、反阴影。由暖色、亮色或冷色、灰暗色等不同的材料的反光面造成的反光效果不同。此外，由于距离视线远近不同也会产生视觉上的不同感受（如焦点所在处和周围，远处色彩受空气尘埃等影响）。这些感受有时被夸张成转变用色，如树冠的深绿再深可以用近似蓝色，再暖浅可以用灰桔黄、灰赭石。灰色是这种用色转变的一种很好的中间色，一种含蓄的包涵较广的色，即Neutral，一种不饱和的强度低的、不纯的色。如以饱和度为准，1/2饱和度低（强度、彩度）呈现一种灰色，带有各种色味色相的灰色。如1/4或1/8各色相的饱和度（强度、彩度）趋于灰色。这种灰色有时几乎是分不出色相的。这些灰色实际上是所有色相的灰色，是一种可以协调各种色相的一种中间色。这种灰色并不绝对，因在用笔调色时，往往各种不同色相的颜色并不均等，即是会有略倾向于某一色相的灰色，如：带有红味的灰或带有橙味的灰或带有蓝味的灰等。往往在水彩渲染因用色不协调而失败后经清洗，这种不彻底清洗使各种颜色混合产生一种由各种彩度低又不同的色相浓度混合出的灰色可以起协调作用。这种灰色是一种经常有意调配使用的彩色。这种灰色可用几种含有不同成分红、黄、蓝三要素的颜色混合来获得。有时可以用水稀释的黑色水彩或白水粉稀释的黑水粉色取得，用作协调色彩的灰色，但要慎重使用。

四、色彩组合的基本原则

建筑物的色彩组合是结合建筑物的体量组合，各组成部分和环境三个方面综合考虑得出的。由建筑物的体量关系、建筑的顶部、墙面及门窗、装饰以及环境等综合因素决定。组合的基本原则为：

（一）色彩分布的平衡、均称；

（二）色彩的节奏关系；

（三）色彩的重点分布犹如建筑的重点主题；

（四）色彩的协调，包含对比协调；

（五）色彩的相互联系和分隔，如中国古建筑多以白黑线、金线分隔强弱不同的色彩。建筑物各部分色彩必

a

b

c

图 3-3 a
彩色表现图的种类(1) 单一色表现图
图 3-3 b
彩色表现图的种类 (2) 调和色表现图
图 3-3 c
彩色表现图的种类 (3) 复色或全色的多种色彩的表现图

须相互关联。协调色彩固然易于取得联系，对比色彩也可以通过一定中间色联系。如红墙白色窗框。白色、黑色起联系作用。

五、颜料的互换和微差

颜料千差万别，多次色中可以有相似或相近的色彩，看来可以互相取代。如普蓝＋紫可得到近乎群青的色彩又和群青不同，紫的比例多少可能出现与群青相近或相差较大的色彩。同时，群青的沉淀和含蓄也不是蓝＋浅红＋紫可取代的（图4-2）。普蓝＋赭石可得到墨绿色，红＋普蓝＋黄可得到近乎赭石色（图4-2）。所有这些在多次色色表中都可以看到它们有着微差。这种微差往往是我们所难以互相取代的主要原因。了解这些用色彩混合得到的近似色彩，在渲染过程中还是有很大的实用价值的。

六、决定色稿

在设计过程中必须事先组织建筑色彩多种色稿的比较。

（一）绘制参考色表或色稿是寻求色稿前的一项重要的工作。建筑渲染图依据色表作为参考可以作出不同的方案。由三原色组织成的二次色，同明度、同彩度的色混合，或者由三原色变异后产生不同明度、不同彩度的二次色，这种二次色已经相当复杂、数量也很多。也可将以上各种二次色再混合成三次色，可获得十分丰富的三次色。如此制成色表，不但可以加强有组织的认识色彩。而且，也可以从中获得丰富的色稿供建筑师作建

1	4
2	5
3	6

图 3-4
喷涂渲染的工具
1、2、3 几种喷笔大体相似
4 曾用牙刷代替，但不能用于大幅画面
5 曾用金属网、牙刷代替
6 用嘴喷壶，十分简陋

筑设计和渲染的参考。

(二) 参考色稿的积累 色稿的设计是与建筑设计同时进行的 (图 3-2 a)。

1. 建筑师可以根据自己或他人过去实践经验，将已建成的色彩效果好的建筑色彩组成参考色稿。

2. 也可以从各种艺术品，如名画、工艺品甚至邮票、戏剧脸谱、衣着服饰等色彩中选出理想的参考色稿。

3. 也可以用洇渗的办法选出理想的参考色稿。所谓洇渗 (Mingling) 方法，即用水将一小块纸浸湿后，在上面加几种颜色任其自然洇渗，从中获得几种颜料的混合色色稿。可以用原色，也可用二次色、三次色互相洇渗 (图 3-2 b)。

建筑师在日常设计工作中积累各种色稿的资料作为色稿的档案，供必要时使用。不宜在建筑设计时临时拼凑、抄袭，生搬硬套。建筑表现图的色稿是建筑色稿的设计参考用稿，也是建筑设计方案的一个组成部分如前所述，决非临渲染前根据图面需要即兴之作。

七、彩色建筑表现图的种类

(一) 单一色表现图。无彩色单一色表现图即是水墨渲染表现图。也有蓝、紫等色或较为复杂的单一色 (如蓝灰、紫灰) (图 3-3 a)。

(二) 调和色表现图。以一种色彩为主与这种色彩所衍生的其他色彩组织的表现图 (图 3-3 b)。

(三) 复色或全色的多种色彩的表现图，表现能力最强的表现图 (图 3-3 c)。

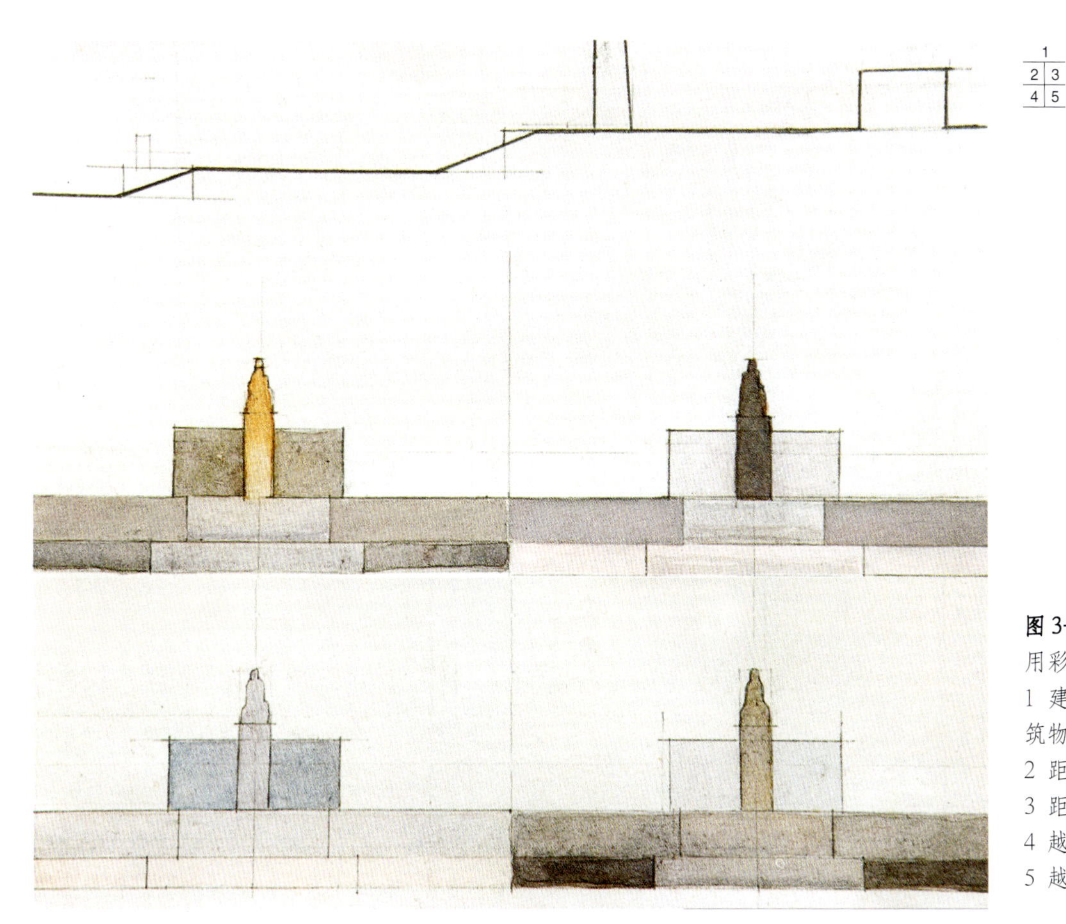

图 3-5
用彩色表现建筑群远近层次关系
1 建筑群布局的剖面，图示各建筑物之间的距离
2 距雕像越远色彩越冷越深 (暗)
3 距雕像越远色彩越暖越浅 (亮)
4 越远的建筑色彩越冷越深 (暗)
5 越远的建筑色彩越暖越浅 (亮)

第四章 水彩渲染（透明水彩渲染）

一、水彩颜料的性质

水彩颜料是透明的绘画颜料，因此，在渲染时可以采用多层次重叠覆盖以取得多层次色彩组合的、比较含蓄的色彩效果。由于许多水彩颜料不同的性质影响着重叠、覆盖渲染的效果，所以首先要了解颜料的性质。

（一）水彩颜料的透明度

对色彩重叠覆盖效果影响最大的是颜料的透明度。各种颜料的原料和制作方法不同，颗粒粗细差异较大，因而透明度也不同。同时透明度的强弱又取决于稀释用水多少，如用水很少，有时甚至会和水粉颜料相似。因此，只有用同样分量的水稀释同样分量的纯色才能比较、测试水彩颜料的透明度。从目前的国产水彩颜料来看：普蓝、柠檬黄、西洋红的透明度较高，而铬黄、土黄、朱红等稍差一些。用透明度高的颜料在上覆盖，还是用透明度低的颜料在上覆盖其效果不大相同。用时应注意（图4-1）。

（二）水彩颜料的沉淀

在用水稀释后视其沉淀颗粒多少即可看出水彩颜料沉淀多少。群青、褐色沉淀较多。颜料长期不用干固后虽经浸泡仍能使用，但沉淀颗粒渣滓较多，用时也应注

图4-1（左）
水彩颜料的透明性、沉淀性及用非沉淀颜料取代沉淀颜料
1 水彩颜料的透明性
2 少用水分调出透明性不强的颜色
3 不沉淀的混合色可以代替沉淀色群青
4 沉淀较多的群青颜色
5 不沉淀的混合色可以代替沉淀色赭石
6 沉淀较多的赭石颜色
7 水彩颜色混合可获一种灰色，图示群青与赭石叠加、浅紫色与绿叠加都可得到深灰色。
8 黄、蓝、红叠加可得近似赭石色
9 蓝、红、紫叠加可得近似群青色

图4-2（右）
水彩渲染退晕与水墨渲染退晕对照
1 水彩渲染退晕：用叠加法退晕
2 水墨渲染退晕与水彩渲染退晕对照
3 水彩渲染的叠加法退晕

意（图 4-1）。

（三）固着性

颜料固着于纸上的能力有不同。渲染时难免失误，在必须清洗时，有的颜料极难清洗，如紫色、西洋红等等。有时西洋红上用白粉也难以覆盖。调色盘中，尤其以往搪瓷调色盘中紫色也难于清洗。甚至这种颜料和其他颜料混合后，在清洗时其他颜料清洗净尽而这两种颜料依然存在。

（四）黑色

黑色颜料是一种作为调色用的颜料，不宜多用。初学者多喜用于渲染阴影，是一大谬误。黑色含有红、黄、蓝三原色，可以作为灰色调色，略加一点即可使色彩表现含蓄，不必用几种颜色混合，但不宜多用，不慎容易污染画面。灰色在表现图中是十分重要的一种多次色，二次或三次色。它的存在可以增加色彩的内涵，使之色彩更丰富。在一幅水彩渲染画失败后用水作整体清洗，但又不完全清洗成白纸，这时多种颜色相互掺和，再画就感到色彩更丰富即是产生灰色介入了后加的颜色。这种灰色似乎有点神秘，其实不然，如仔细分析、调制即可获得，如：紫＋绿，普蓝＋赭石，群青＋朱红。这些都是由红＋黄＋蓝所组成的多次色，但又具有各自特点的灰色，如以黑色代之即可免去摸索调色。但用黑色必须谨慎，不宜过多。水彩颜料中的黑色可以直接用于水墨渲染。

二、水彩渲染基本技法

一般说，水彩颜料透明度较高，因此，可以和水墨渲染一样采用"洗"的方法渲染。水彩渲染可以和水墨渲染一样一遍一遍地"洗"，以取得明暗变化的退晕。同时，可以以多种颜料分别用这种"洗"的方法叠加，多次重复用几种颜色叠加即可出现既有明暗变化、又有色彩的变化的退晕。也可以把不同颜料在洗的过程中直接

图4-3 水彩渲染与水墨渲染对照——北齐石柱的表现图

1. 对照天空的退晕、树木层次
2. 对照柱子上明暗分面及阴影变化（阴影及反阴影、高光及反影的退晕）
3. 对照地面退晕、地面及草地阴影

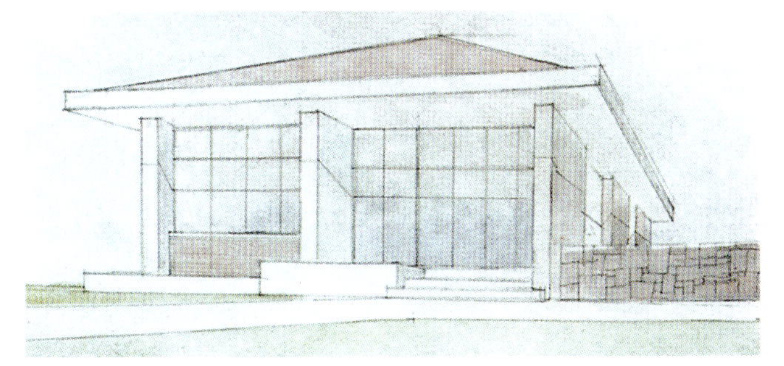

1 | 2
3

图 4-4 a
水彩渲染的一般程序
1 渲染天空，铺各部分底色
2 分出明暗面，渲染阴影底色
3 深入刻画各部分，最后画配景草地树丛人物

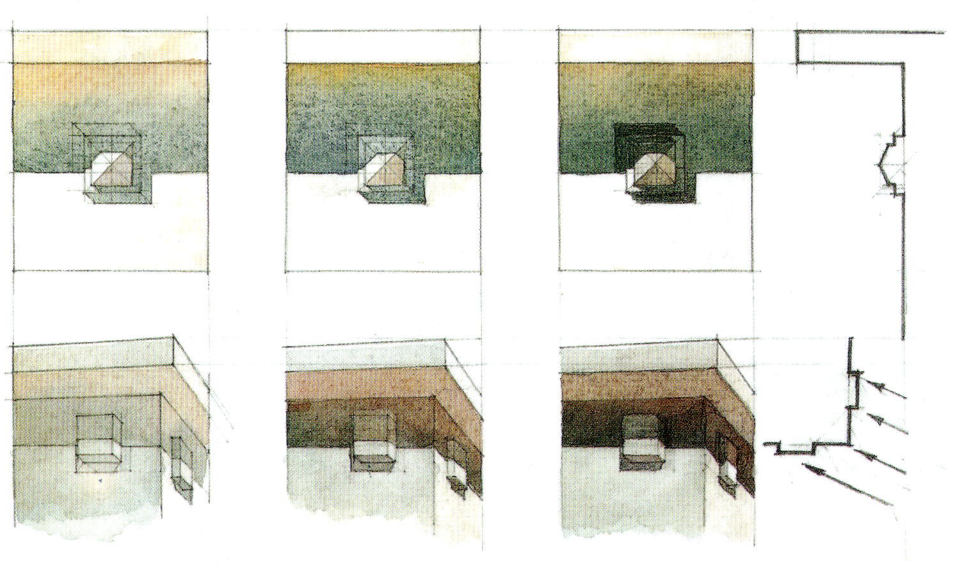

图 4-4 b
水彩渲染阴影的程序

掺入以取得既有明暗变化、又有色彩变化的效果（图4-2）。

（一）叠加法（图4-2）

用几种不同色彩分几层先后叠加渲染在同一画面上，以得到预期退晕效果。如渲染天空，天空接近地面部分受地面反射光照影响，形成天顶蓝带有微紫色，越接近地面越浅，由蓝紫渐渐变为蓝，又变为浅红、红黄色，而不是简单的深蓝变为浅蓝色。即如图4-3所示。这种退晕方式比直接在蓝中加紫，随退晕再加橙红和黄带红更好些。因为红+黄+蓝三种颜色混合即成为脏色

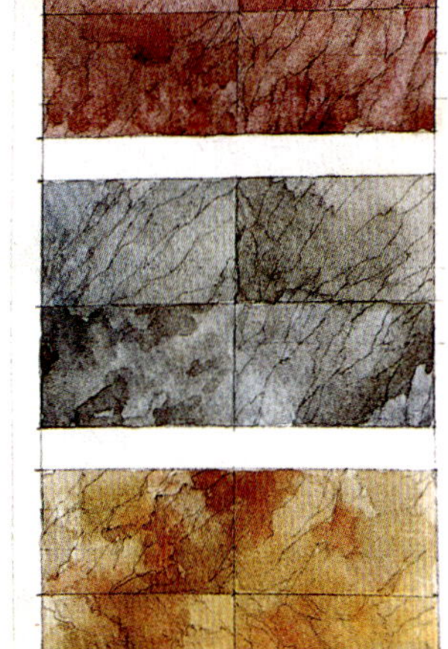

图4-5

水彩渲染几种不同材料墙面的画法

1 大比例尺的砖墙

2 大比例尺的青砖磨砖对缝墙

3 小比例尺的砖墙

4 小比例尺的青砖磨砖对缝墙

5 乱石墙

6 卵石砌乱石墙

7 粗面凸起平正边缘石墙

8 凹灰缝乱石墙

9、10、11 几种不同色彩大理石贴面墙

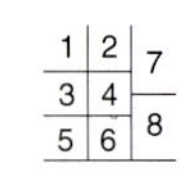

图4-6

水彩渲染几种表现窗的画法

1 主要表现玻璃窗上阴影

2 主要表现窗框和窗阴影

3 主要表现室内

4 主要表现陈列品受光的橱窗

5 主要表现玻璃上阴影的橱窗

6 表现夜间内有灯光照明的橱窗

7 玻璃幕墙反映天空云影

8 玻璃幕墙反映对面建筑

(黑色稀释在水中呈灰色、脏色)。这种脏色、灰色有一定含蓄表现能力，可以表现丰富的色彩，往往这种灰色也是表现图需要的。但在渲染天空时，如在蓝色中直接掺入红、黄，在蓝、红、黄三种颜料分量相近时，往往在天空中部出现一条脏色带而使渲染失败，如用叠加法，就不会出现这种情况，可以保证渲染质量。

此外，叠加法渲染可以根据先后层次叠加，如同套色版印刷。可根据情况适当补充着色，如在前几遍渲染中缺乏某些颜色，或前几遍明暗变化不够时，即可补充着色。如渲染天空，可叠加暖色于接近地面部分以表现地面反光。天顶缺少紫色，可单独渲染紫色从极浅到稍深，叠加一遍（作品图页 2-4）。

由于这种叠加法分层次多，易于组织丰富的色彩又不易出现混浊。当感觉色彩不丰富时，即可叠加一些色彩使几层色彩叠加重合组织在一起，促使色彩丰富起来。

注意事项:

(1) 前一遍未干透不能渲染第二遍。

(2) 认真分析透明度强的颜色可后加，如希望减弱前一遍的色彩，可用透明度弱的颜色代替透明度强的颜色，如用铬黄替代柠檬黄。

(3) 多次叠加应注意严格靠线。

(4) 大面积渲染后立即将板竖起加速水分流下，以免在纸湿透出现的沟内积存颜色。尤其在用沉淀较多的颜色（如群青）渲染之后，更应注意。图板应垂直湿后的沟方向，以利颜色垂直于沟、覆盖于沟流下。

(5) 沉淀出现后可以多次清水渲染以清洗沉淀物。有时沉淀颗粒会吸住后渲染的颜色颗粒而越来越大，如群青、赭石等等，应注意。但必须在前一遍干透后才能清洗。清水渲染绝对不能用笔擦图，沉淀颗粒不能用橡皮、面包、馒头擦去。为避免沉淀，可将颜料稀释后任其自然沉淀后再用。如此类似过滤水墨的方法过滤颜料也可，但颜色会淡得多。不均匀的渲染可一边水冲，一边用大块海绵轻轻有规律地均匀擦洗。

(二) 直接法（又称连续着色法）(Direct Method)

将颜料直接加入在画面退晕渲染时的积水中，而不是将颜料在水杯内与原渲染颜料调匀后再用笔加在渲染的图面上。这种直接在图上掺色（颜料是经过稀释）的办法要求技巧熟练。原图面上渲染中的积聚水分要适中、稍多些，不能过少、过干（这和后面谈的水粉渲染不同)。否则会出现色彩变化严重不均匀。

注意事项:

(1) 直接法主要用于不需要退晕十分均匀的部分，如有复杂纹样的部位，面积不太大的阴影、有较复杂装饰的阴影和粗石块墙面、地面、草地、水池等部分。

(2) 直接法也可以用于渲染窗、门，表现室内的退晕，也可以结合叠加法作多层次直接法渲染。

(3) 由于直接法难于控制退晕均匀，需要均匀退晕的、大面积退晕的部分不宜采用，这点是十分重要的。

(三) 分格叠加法 (French Method)

水彩渲染中的分格叠加法与水墨渲染的分格叠加法相同。只是叠加色彩不一定是一种颜料，可以是几种不同颜色分格分层叠加，这样可以产生明暗变化，同时又有色彩的变化。实际上是把彩色退晕的退晕分解渲染，而不是简单地从明到暗的变化。这种分格退晕叠加也应注意颜料的透明度，后加透明度强的颜料（图 4-2）。

三、水彩渲染程序（图 4-4 a、b）

(一) 清洗图面: 用馒头屑清除铅笔灰尘，用浅土黄水洗图或淡碱性肥皂水洗图。

(二) 渲染底色: 不同材料不同部位用不同底色，底色浅，但仍有微弱退晕，底色应作为高光色，高光处不再渲染底色。

(三) 渲染晴朗无云天空: 用叠加法，可用清水开始，从明到暗，从地面到天顶。明暗至一定程度，即可用暖色，红、黄平涂以示接近地面部分带有暖色，退晕至天顶时加紫色或群青（天空的渲染方法还有很多，后面详细叙述)。这种天空只能渲染到一定明暗程度，由于其他部分还有空白，天空往往显得颜色过深。此时应留有余地。

(四) 渲染建筑、建筑周围环境（建筑群及地面): 将建筑群与主体建筑拉开距离。渲染主体建筑，渲染阴影。这时天空可能又感觉浅些。

(五) 再一次渲染天空，调整明暗关系，这里建筑阴影是建筑物最暗部分。完成阴影后，即可看出天空应调整到何种程度。

(六)刻画细部，如受光处细部及阴影内细部如反高光、反阴影等后，再调整天空。

(七)渲染配景、树丛和地面、水面。远处树丛可以先画，再加最后几遍天空使远处树丛与天空溶合。

(八)调整天空和建筑后，画汽车、街道设施、人物、近处树木、草丛。

四、局部的画法

(一)墙面画法有：有外粉刷的墙面；清水砖墙面；大理石墙；石块墙面；木板墙面。

1.光洁粉刷墙 用简单"洗"的渲染方法上下退晕，可适当采用直接法退晕，明暗变化不宜过大，退晕略有不匀也可。为了使墙面生动，可略加光影，表示树枝叶阴影、天空云彩阴影或墙面不平整，但不宜过于琐碎。树、云投影应与地面阴影相联系有连续性。浅色墙面影子浅，光洁墙面影子浅。墙面粗糙，色深则影深。

2.砖墙墙面有几种画法：(1)大比例尺度砖墙可按尺寸如实画出块砖，有高光、有阴影、有灰缝。可先用"洗"的方法或直接法退晕，再重画每块砖，画时留出高光，最后画砖缝及砖的阴影。如在阴影内则重画一遍阴影，再勾反影反高光(作品图页2-17)。(2)1/50比例尺以下的砖墙，可按每皮砖60mm或稍宽些打好铅笔线稿，再用"洗"的方法退晕。再用直线笔或毛笔重画每皮砖，并留出极细高光(作品图页2-23)，最后用铅笔画每皮砖的阴影。此时，不再是每块砖都绘单独阴影。如有影子投在墙面上，则先渲染墙上整片影子，再绘影内砖的反高光、反影。按每皮砖而不按每块砖画单独阴影。

此处所谓1/50比例是指立面渲染而言。如渲染透视图可按每层层高分得每皮砖高，小于1/50比例时墙面只能感到一条条水平砖线。因此第一遍退晕后画出砖墙线或用直线笔绘出砖墙即可。如有阴影则直接加阴影后再用铅笔加重墙面砖缝线，或用直线笔加重墙面砖线。事实是这里已看不清砖的高光、阴影和反高光、反阴影，只是朦胧地看到砖线而已(作品图页2-16、图4-5)。

砖墙上受到树枝叶、云层产生的阴影按阴影的画法加斜影，不宜过于琐碎。

3.石块砌墙面，由于石块材料不规整砌法也有多种，但大体相似。石块颜色都可能不同，只是近似。可分三次渲染：先作统一墙面色调退晕从暖到冷，从明到暗，而后再描绘每块石块，留高光、画阴影。这时既要注意整体，又要有适当变化。在第一遍退晕后重绘每块石块。石块墙大致可分下列几种渲染方法：

(1)平整石块墙：表现平整，但形状不一。砌法有多种，一般灰缝都比砖墙大。画法如砖墙。

(2)平整石块墙，表面凹凸不平，形状不一，灰缝比砖墙大。渲染时主要刻画其表面凹凸不平现象。

(3)石块不规整，灰缝有凸出也有凹入，如虎皮石墙即是。主要刻画其凹凸不平的表面和凹入或凸出的灰缝，一般灰缝宽。卵石筑墙必须把光洁的卵石表面描绘出来。

(4)光洁规整石墙：按一般粉刷墙渲染方法画的石面，由于石缝极细，无高光、无阴影，仅仅用线条分出石块。适当浅浅地加重几块石块，即挑石头(Pick up stone)，以示石块之间有微弱色泽差异，使之更为生动(作品图页2-4)。

(5)光洁石块贴面墙：如花岗石、大理石贴面，每块石料都相同，色泽、花纹有微弱差别。天然纹路和色彩差异较大，人造贴面石材差异较小。渲染步骤：首先渲染底色，力求不要均匀明暗相差较大并有颜料不均匀的痕迹，再加深几块，显示材料存在色彩的微差，最后按不均匀色彩的变化用铅笔或细画笔描绘在色彩不均匀接缝处石料的细纹。注意石料的细纹在每块石板上自成一体，不宜有通纹，细纹应错开，甚至每块细纹的疏密方向都不同，以免误会相邻二块石板为一块。无细纹和色彩变化的光洁石料可采取墙面粉刷的画法，投在石墙上的阴影深处可重新加深，石料细纹可以重新加深(图4-5)。

(二)屋面画法(图4-8)

屋面的材料有陶瓦、琉璃瓦、板瓦、石板瓦等。

(1)陶瓦是一种不十分光滑的筒瓦，光洁度不高。因此，画成半圆形不留下十分锐利的狭窄的高光。可先加底色，后画阴面及投在板瓦或仰瓦上的阴影，最后描绘投在板瓦上的阴影、瓦头上的阴影。适当挑出几块瓦加重以表示色泽的微差。注意瓦头的高光，投在屋面上阴影应顺着筒瓦的凸起凹下变化。

(2)琉璃瓦是一种光洁度极高筒瓦和板瓦组合。因

图 4-7 a （左）
水彩渲染几种门的画法（1）
1 铁制大门外罩深色油漆
2 铜制古典大门
3 木制古典室内大门
4 铝合金大门

图 4-7 b （右）
水彩渲染几种门的画法（2）
1 胶合板门用水彩表现木纹
2 胶合板门用铅笔线表现木纹
3 拼花胶合板门水彩表现木纹
4 室内皮面隔音门
5 明清宫殿大门

图 4-8
水彩渲染几种屋面及壁灯、门环的画法
1 黄色琉璃瓦屋面
2 红色陶瓦屋面
3 面板瓦屋面
4 两种壁灯
5 中国民居铜门环
6 西洋古典铜门环

此，筒瓦必须留出极窄的高光，板瓦对筒瓦的阴部有强烈的反光。琉璃上釉后挂在窑内烧结，挂着釉流下积在下端，因此呈现相同的退晕，上浅下深的釉色是琉璃瓦的一大特点。

(3) 现代板瓦：与陶瓦相同，只是平板瓦上有沟，每一皮瓦头压在下一瓦后部，形成水平暗色线条，一般渲染多不表现这种水平板瓦头部。

(4) 石板瓦是天然石料加工而成，上层压着下层后部，如板瓦。可按尺寸划分，作整个屋顶渲染后选几片适当加色以表示色泽的微差。

(5) 铜皮屋顶，接缝很难看清，屋顶呈铜锈色，光洁度不高，高光不十分明显。

(三) 窗的画法 (图 4-6)

窗在建筑渲染图中十分重要。大体可有三种画法：(1) 窗玻璃反映天空和景物包括玻璃帷幕墙；(2) 窗玻璃很暗或很亮，看不到室内也不反映天空和景物；(3) 窗玻璃十分透明，室内景物十分清楚，好像没有玻璃遮挡。

1. 反映天空及室外景物的玻璃窗，以浅、亮为主(有色玻璃除外)，上下退晕与天空退晕一致。一般说比建筑物背景亮、浅以区别于天空，至少比窗所在位置的天空浅或略深表示玻璃反映天空而非透过窗玻璃看到建筑后面天空。渲染大体分三步：

(1) 退晕从冷至暖或视天空而定。

(2) 窗扇上的阴影从上至下阴影边缘略冷略暗，玻璃上的影浅，窗框上的影深。玻璃上的影如面纱罩在玻璃上。实际上窗框、窗棂的影在提示阴影的存在。如窗框与玻璃的阴影色彩相差较大，则比较容易识别。如二者色彩相近，则往往要加重窗框在玻璃上的阴影以及处于阴影内的框投在玻璃上的反影，以区别玻璃与窗框。小比例尺度的窗则不必考虑这样细致。玻璃幕墙是把整片的玻璃墙面视为一面镜子，反映着对面的建筑、天空景象。如有色玻璃还要考虑玻璃色彩的因素，阴影很深而少退晕，亮部显现玻璃本色。

2. 窗玻璃很暗或很亮但又表现不出更暗的室内。可以先画深色窗玻璃后用浅水粉画窗框，也可将室内填在画好的窗框内。这里必须注意：室内从上至下，从暖至冷，从浅至深，因一般室内顶棚多是浅色。

3. 能清晰看见室内景物的玻璃窗。这种窗玻璃没有反映天空的反光，而是十分透明，室内景物（家具、顶棚、吊灯、人物）十分清晰，似乎玻璃并不存在。先将室内景全部画好，注意顶棚到地面，从暖浅到冷深，总色调浓重。后用浓粉画颜料画框覆盖在室内景物上。或反之，将窗框留出，在窗框内填入室内家具景物。如有窗帘，可将窗帘留出，画好窗框再将窗框投在窗帘上的阴影画在曲折的窗帘布上以示层次。最后可用笔刷出玻璃光影，要浅而不琐碎。窗框上相应也有阴影，明暗与玻璃不能相同，以示玻璃的存在。

4. 小比例尺的渲染图有时仅仅有极深冷色的窗洞，不一定细致刻画。窗框仅仅几条细线而已或不画窗框。

5. 玻璃幕墙，当作一大镜面，反映天空，十分逼真，可有云层或蓝天。反映附近建筑可以画出粗略的建筑身影。如玻璃幕墙受光很强则对面建筑必然较暗，一般多为上部反映天空，下部反映建筑。天空不宜与墙后天空有相近色彩，以免有通透的感觉。墙面有窗框分块，玻璃安装不可平整如一，墙面上玻璃明暗多有变化，整体一致，但每块玻璃并非完全相同。

6. 商店陈列橱窗的画法。商店橱窗位于室外，一般白天日光照射。日光照射有三种阴影投入：(1) 橱窗上檐口投在橱窗外面的玻璃上。(2) 檐口投在橱窗内陈列品及其背景衬板上。(3) 檐口投在橱窗转角处的面 (玻璃或墙面) 上，人们透过橱窗玻璃可以看到。

橱窗玻璃受到日光照射时有三种情况：(1) 主要是反射，表现玻璃为亮面，橱窗内陈列品则十分浅淡，看不清楚。(2) 日光照入橱窗内照射陈列品，内部陈列品明暗十分清晰，玻璃十分透明，并未遮住视线，似乎并无玻璃存在。(3) 介于上述二者之间，部分反射日光。

夜间橱窗内有强烈灯光照射，外面已没有日光照射。橱窗内由于是多光源照射，必须根据广泛照射和集中对某一种陈列品的照射的特点描绘橱窗内部陈列情况(图 4-6)。

(四) 门及金属配件的画法

门的类型比窗要多，其原因即是门的功能是分隔内外空间又是供人流、物流经过的要处。整个建筑物的门是焦点所在。因此门往往被建筑师作重点处理，以加强引导人流的作用。古典的门，包括其附近都被特殊处理，而门则是被特殊处理的重点，以适应这种功能要求。现代建筑的门本身已不再是华丽装饰的部位，但作为引导进入建筑的门则仍被十分重视并给予特殊对待。

一般说门的画法和窗的画法不同，关键在于门的材料（如古典的门和有关部位的设备如门环、门灯、门枕石）和门本身的花饰的表现技法比窗要复杂，画起来更为有趣。这里提供了几种不同材料的不同形式的门。室外铁门和铜门色泽不同，光泽质感也不相同。室内木门，色泽相同，质感也相同，只是木料拼接制作不同，木纹及雕饰也不同，室内隔音门有铜钉、皮革表面，质感与木料不同。清宫殿大门则是朱红油漆，金色门钉及门环与其他的门完全不同。现代铝合金门的铝合金光洁度不高，反光强但并不锐利，和古典铜门、铁门相似。渲染这些门要点是掌握色彩和质感（图4-7 a、b）。

1. 铁花格门和铜门

涂底色后先刻画花纹的阴影和高光，再画金属面的光亮变化，最后加深在阴影部分的反光明暗。这里高光很重要，但由于金属门又没有锐利的反光、高光在亮部附近应有过渡部分。铁花门表现深油漆色。铜门表现暗灰绿色年代久远表面有一层铜锈。

2. 木门

先涂底色，按每块木料拼接处留出高光，任笔中颜料深浅不均匀，不再补笔。不均匀的木质表现生动的木材料质感。如拼花木门，即把每块木条都画一遍，并一一留出高光，最后覆盖光照产生的亮、影，再加重在每块木条上影子。

3. 朱红大门

由于门钉是金黄色，所以先涂一遍浅黄色，再把门钉周围的门表面渲染成朱红色，作出退晕，最后再描绘金门钉和铺首。注意门位于梁架中缝，阴影很大，阴影上暖浅下冷深。最后画阴影内的反阴影及反高光。

4. 隔音的木门

主要在于描绘皮贴面内有隔音或填充材料，铜钉把皮革组织成菱形凸出部分，有高光但十分柔和，皮革质感要一块一块菱形单独渲染。

5. 铝合金门

画法与铝合金窗完全相同。

6. 门上金属附件

要仔细观察以区别金属色彩质感的特点。即使同样的铜门环，新的中国式的铜门环和旧的西洋古典建筑门环表现大不相同。新的黄铜门环，黄色光洁度较高。旧的青铜西洋古典门环光洁度低，有铜锈、色泽暗（图4-7 a、b、4-8）。

五、配景的画法

建筑表现图的配景有：天空、地面、水面、山峦、树木、建筑、人物、汽车、市政设施等。配景在表现图中，仅仅是配景。作为陪衬地位，配景必须真实，虽然未必具体存在，如主题建筑两侧的建筑可能还未建造，但确有可能存在。又如背面有山，虽形状未必如你所画，但远近高低大体相同。绝不能为衬托建筑，把不可能出现的现象搬来以满足图面上的需要。没有山却以山为背景，没有水却以水倒影陪衬，此谓辞藻堆砌，华而不实是一大忌。

（一）天空的画法

天空现象变幻甚多，有晴天虽万里无云也有晨、午、暮、夜的不同，更有地面反光和尘埃影响。有云的天空则情况更多，晴天薄云、厚云、晚霞以及大小云层等等，难以描绘。作为建筑配景仅能根据实际情况选用（图4-9 a）。

1. 晴天无云。有几种处理方式：

(1) 从天顶至地面，强调受地面反光影响。

从暗→明（光）

从深→浅（色）即从冷、暗→暖、亮

(2) 从天顶至地面，强调受地面尘埃影响。

从明→暗（光）

从浅→深（色）即从暖、亮→冷、暗

这种天空只可采用“洗”的方法多次叠，可先用清水开始退晕至深蓝等，后叠加平涂橙红。多次叠加后再一次性退晕，即在蓝天色彩基本稳定，蓝色已占绝对优势时，可以开始从地面的微橙红逐渐加蓝色，最后加微紫作一次退晕，不必叠加。

2. 有云的天空，有几种处理方式：

(1) 湿画法：先将图纸上刷满清水，后用笔着深蓝、群青或浅紫，把白云空出。白云边缘有浸润不会生硬。这种天空画法也可以改为用清水刷在预想的白云边缘部分，在未干之前加没有白云的干燥部分蓝色天空，也可

1	2
3	4

图 4-9 a

水彩渲染配景：几种天空的画法

1 干画法简捷一遍画完

2 湿画法简捷一遍画完

3 干画法表现大片白云

4 干画法表现晚霞

1	2
3	4
5	6

图 4-9 b

水彩渲染配景：几种地面的画法

1 沥青路面街道

2 水泥路面街道

3 石块路面街道

4 混凝土水泥公路路面

5 草地

6 卵石路面

1	2	3
4	5	6

图 4-9 c

水彩渲染配景：几种山峦及石的画法

1 表现山的明暗体型

2 绿化覆盖露出山石、土坡

3 表现山的明暗层次

4 丛林密布的山

5 以土石为主的山

6 园林中的太湖石

7 山石的画法

1	3
2	4

1	2	3	4

图 4-9 d

水彩渲染配景：几种水面的画法(1)

1 画平静的水面，第一步：从岸边向下作蓝绿色，从浅到深退晕，并将岸上景物如实倒画在水中

2 第二步 用橡皮擦出或用白水粉画出波光

3 用湿画法；先作水的退晕，从浅而深的蓝绿色。未干即画倒影，任其微微洇开，最后用橡皮擦出或用白水粉画出波光

4 退晕后再画波浪

图 4-9 e

水彩渲染配景：几种水面的画法(2)

1 作水的底色退晕，从岸边浅往下作蓝绿色退晕

2 作倒影退晕，从岸边深往下浅消失在深水色中

3 在水面上画水纹

4 在步骤 1 之后即作建筑及岸上景物倒影退晕，越往下水色越深倒影越浅。必须留出波光(可先画线稿)

使得蓝天、白云之间边缘不生硬。后者更便于先打白云外轮廓线稿，易于按理想形状画出白云天空。在云层形状不理想时，可以局部刷湿补缀天空，也可以吸去一部分蓝色修改白色的形状。这种画法也可以结合天空退晕，即按一般天空深浅、明暗退晕完毕后，在未干之前用笔或海绵吸去颜料形成白云。这种画法还可以在天空退晕完成干透后用橡皮擦出白云。用水彩渲染天空最好在渲染之前先把远树画好，或在渲染天空最后一二遍前画好远树，最后渲染一二遍天空时将远树覆盖，使之产生远树朦胧的效果，远远树丛溶于天际。

1	2	3
4	5	6

图 4-10 a

建筑表现图中树丛的布局

1 在建筑侧面有几棵树

2 在建筑侧前面有几棵树

3 在建筑上前方有下垂树枝叶

4 在建筑前有一排树

5 在建筑后侧有几棵树

6 在建筑前有对称的两排树

图 4-10 b

建筑表现图中几种树的枝干和枝叶形态

(2) 用连续着色法渲染天空：这是一种干湿结合的画法。一边着色，一边退晕，从深冷色到浅暖色作为总的退晕趋势。事先要有云层的腹稿，或事先打好云层线稿，画完也可以把不尽理想之处加以修改。

(3) 把云层作一种几何构图渲染，事先有线稿、色稿，不宜再改，云层用线稿明确。渲染时按各种颜色搭配，可先画一草稿确定色彩构图后再按草稿画在正式图纸上。因一旦画好不便改动，也不便修补（图4-9 a，作品图页 2-43）。

(4) 水彩与水粉结合渲染：以水彩的均匀或不均匀

1 | 2 | 3 | 4 | 5

图 4-11 a
水彩渲染配景：几种树的画法 (1)
1 枯枝
2 新芽
3 杨树
4 风吹杨树
5 茂盛的杨树

1 | 2 | 3 | 4

图 4-11 b
水彩渲染配景：几种树的画法 (2)
1 秋季枯枝
2 枝叶茂盛
3 松树的概括画法
4 描绘松枝、松针的画法

退晕为底色，以水粉为云层的补充，可以更为自由地利用白水粉调入浅颜色画云，云层更为丰富，这种方法详见第五章第八节。

（二）地面的画法

因地面材料不同，表现方法不同。大致有水泥地面、沥青地面、天然石料（石板、卵石、块石）地面、草地、土地。城市马路有沥青、水泥地面两种，人行道则是混凝土板铺面。室内有木地板、天然石板、水磨石地面，反光很强。渲染室外地面着眼于陪衬建筑。

1. 水泥地面

水泥地面比较粗糙，反光不十分强烈，地面上建筑物及景物倒影并不强，地面上的建筑树木天空的云块投影以及地面不平产生的阴影是主要渲染对象。树影分三层，是光的照射效果。总体看从远至近，从浅暖至近冷，地面本身如此，地面影子也如此。远影狭而密，近影则宽而疏，这是透视效果。渲染程序：(1) 从远至近，从暖、浅至冷、深，不要求均匀，可用直接法画出退晕。(2) 绘地面影，从远至近，从暖、浅至冷、深，远狭而疏近宽而密。(3) 加阴影内的明暗变化。人行道多为混凝土预制板铺面，除很近处一般不必分块，广场铺面可适当在近处分块。渲染时可适当加重几块，挑出几块以示色泽的微差。最后再加一层最深的阴影，以示地面不平整（图 4-9 b、作品图页 2-40）。

2. 沥青地面

沥青地面本色是黑色，经日光照射呈灰色，比较光亮，如经洒水之后如同水面，反光强，地面建筑树木多能出现倒影。有时用夸张手法，强调地面上景物倒影。渲染程序：(1) 退晕，从人行道边缘起从远至近处，从浅至深。(2) 绘倒影也从人行道边缘开始从浅至深。倒影十分粗略，下面深处与地面水平阴影溶为一体。(3) 加重阴影，可加二三遍，并注意图面两侧边缘色彩暗至近建筑焦点渐暖浅，以衬托焦点所在。地面的阴影不宜琐碎（图 4-9b）。

3. 石块、卵石、石板路面（图 4-9 b，作品图页 2-6、2-24）

与石墙一样，远近变化较大，远暖、浅，近冷、深，影子在路面上随石块、卵石、石板的表面凹凸变化，表现石料不平整。近处石料应有高光，高光应有变化，远处可略去。渲染程序：(1) 退晕，远暖浅近冷深。石块及影都是远而密近而疏。(2) 描绘近处石块，远处可粗略，高光也可略去。(3) 绘地面树影及光影。(4) 最后重新加强影中的石料、石缝以及石缝中的青草等以求分清石块。

4. 草地与土地

草地与土地都没有强烈的反光。较多不平坦、不平整。草坪从远至近绿色，从浅黄、浅绿至深绿、墨绿。花园草坪多经修剪，绿草如茵，十分整齐，山野草地则杂草丛生夹有灌木、石块，起伏较大，阴影变化较多。因此经修剪的草坪阴影变化多成大片，有时处理成一整块绿色地面也可，山野草地就复杂得多。

土地大体和草地相似，但地面起伏不平，石块、草丛杂处，阴影变化较大（图 4-9 b）。

注意事项：(1) 地面阴影的连续性，长影往往遮住草坪、马路、人行道以及草地的斜坡或水池、人行道的边缘，必须随地面高低起伏，甚至投在建筑物上或建筑转角两个墙面上，阴影必然是连续的。(2) 阴影中的变化，一是远近阴影冷暖、明暗变化，远则密、暖、浅，近则宽、冷、深。(3) 最后应注意地面，尤其石块、草地、山坡、土地不平整产生的影中阴影。但也不宜过多、过于琐碎。沥青地面上的倒影与水平方向的阴影交叉部位是夸张地面上的倒影还是强调地面的阴影，视总的构图而定。一般倒影不宜过长，地面本身在表现力中不宜过多。为表现建筑周围环境，建筑前面绿地、广场、草坪，一般都视为陪衬建筑的主要部分（图 4-9 b）。

城市中建筑环境的主要组成部分为街道，描绘街道成为不可缺少的、相当重要的工作。城市的马路表现了建筑所处的环境，如街道上有人、车、人行道树和市政设施、建筑投下的阴影，其中，建筑投的阴影表现了街道的宽狭、建筑物之间的关系（有时建筑物墙上即有相邻、对面建筑的阴影（作品图页 2-30）。即使是大面积玻璃幕墙的建筑墙面上也有阴影或暗部，用以暗示说明行道宽窄。同时在透视图中，可以表现街道远处建筑的情况，或是有高层建筑的阴影投在街道上并延续至对面的建筑下部。或是前面有广场，在阴影遍布的广场街道出口处。这种城市街道的描绘有助于更深刻地理解城市内的建筑物所处的环境。表现图中除主题建筑物之外，建筑面前的道路、广场的情况是最重要的配景了（作品图页 2-45）。

（三）山峦的画法

远山、近山、山石或假山，布满树丛的山和有草丛覆盖的山都有各自特征。天气晴朗、阴晦、细雨蒙蒙的山情况不同，画法也不同（图 4-9 c）。

1.远山。勿须细分，仅仅分出远近层次，远浅色冷，近处色深，一层一层，分不出体形和明暗面。有雾、细雨天气，都可用湿画法，天空未干透即可着色，使之显示朦胧景色。稍近的山，可适当分出明暗面，受日光面为暖色，暗面为青灰色，以示体量。再近的山可在未干时适当点些树丛，使之渗开，总效果仍是朦胧不清。

2.近山。可明显看到山石、树木、草丛、草坡。一种以树丛草坡为主，一种以山石崖壁为主。可用湿画法，也可用干画法，以画山石为主，在其上覆盖有树丛、草坡，要注意山崖形体变化。

注意事项：(1) 山峦层次多，最重要的是总体形关系和靠近建筑的山形、色、明暗变化。近山可以是冷色（树多、苍翠的景色），也可以是红褐色（秋季）或紫红暖色，用以衬托建筑物。(2) 远山 形状不十分重要，山形

1|2|3|4

图 4-11 c
水彩渲染配景：几种树的画法 (3)
1 新枝
2 风吹柳树
3 概括的树
4 写实的杨树

1/2|3|4

图 4-11 d
水彩渲染配景：几种树的画法 (4)
1 下垂的松枝及松针
2 下垂的枫或梧桐枝叶
3 塔松
4 棕树

也可不明确，甚至不作体量的描绘。近山则必须相当肯定，山形与建筑的关系比较重要。也可以利用山顶部着暖色或远山着浅暖色以表现环境或有云遮盖。山顶渲染时留出云雾可使近山高不着天际的感觉。

3.鸟瞰图中大面积的风景区，山峦起伏用笔点的重重叠叠的树林。树的色彩可以从暖橙红到绿、深绿至深蓝绿色。可以多遍渲染，不理想的，也可局部清洗重新画树。如山石为主，则必先有线稿，事先将山峦体量布局画好，用透明水彩两三遍分层渲染，着重突出山的体形，后再用透明绿色画树丛，树丛少，分布得体，近山暗面呈深褐色，远山暗地浅灰橙色（作品图页 5-4、5-6）。如水彩写生画一样（图 4-11 e，作品图页 5-6）。

4.假山石及石礁。可参照图画技法。一般说假山石点缀园林，假山石形状多样容易引人注意，以不干扰建筑本身为原则。海滨礁石呈深褐灰色，受海水冲刷及海中生物寄居，不平整也无光泽。(图 4-9 c，作品图页 2-6、2-37、2-38)

5.国画中的山峦画法可作参考: 山水画的理论可以借用于建筑表现图中。山峦在鸟瞰图（尤其风景区的鸟瞰图）完全可以借用国画技法。如承德古建筑中的山峦(作品图页 5-2)，在这里园林和建筑群结合，山峦的比重很大。所谓平远法即可借用，结合现代水彩渲染技法可恰到好处。在园林建筑中的山石画法也可以借用（图 4-11 i)。如乾隆花园契赏亭的山石即是仿国画的画法。有些作品以国画技法表现中国古代建筑，效果也很好，只是建筑成为画中的景物，更多是画，而非表现图。这种表现图就不完全是建筑工程图的一种，当然建筑也是如实地表现出来，而更多是表现一种意境。就如国画山水中的亭、台、楼、阁，成为山水的点缀，山水的意境成为画家抒发的主题（作品图页 5-2，图 4-11 j)。

把国画中的山水、山石揉进水彩画的技法转而为表现图所用也不失为一种好的办法。

（四）几种水面的画法

水面的画法与马路地面洒水和室内光洁地面画法不尽相同。因水面的情况不同，水面产生不同的倒影。有平静如镜的水面，微波粼粼的水面，有较平缓流动的水面，也有较大波浪的水面。浪花汹涌的水面对岸边环境也有影响。如靠岸处波浪打击岸边，往往出现细长、白光亮带。

1. 水平如镜的水面（图 4-9 d）

只需退晕。从岸边往下，覆盖一次，将岸上建筑、树丛等倒影如实不变画在水中，最后用橡皮擦出少量的亮波纹（极少几条）即可。在水的深处刷几条暗色波纹也可。这是最简单易学的画水的方法。

2. 有细微粼粼的波影的水面

可用湿画法渲染。(1) 先将水面从岸边往下退晕，水的色彩不宜很深。(2) 干后再将水面用清水润湿，不等干即将倒影画上，使倒影洇渗开即可。(3) 远处即近岸附近可用橡皮擦一二条光带。(4) 也可用一湿笔按倒影处浸润一处，带色笔即画一处，使倒影略有洇润即可。后者也可作为前者的补缀方法。

3. 水流平缓的水面

可先作一次从岸边到近处水面用蓝灰色或蓝绿灰色退晕（小池塘水呈绿色）。再将建筑物如实画成倒影，水波不大，建筑及配景倒影不必拉太长，可略略加长。除建筑物倒影外再作一次退晕，再画波纹，应画得流畅而不琐碎。根据透视关系近岸部分狭而密，距岸远处宽而疏。最后，岸上倒影中、暗部阴影倒映在水中水波处倒影，加浅色一遍以强调波影。如上下退晕变化不大，可再退晕补足（作品图页 2-53）。

4. 波浪起伏较大但无浪花的水面

这种水画法难于掌握。(1) 可先从岸边画退晕到近处，从浅到深。岸边留出狭窄白色一条。(2) 岸上景物倒影很不清楚，倒影很长，到远离岸边处色深看不清，

1		
2	3	4

图 4-11 e（左页）
庐山庐林桥上远眺：这是一幅水彩画

图 4-11 f
矮树、鸟瞰中的树及树林
1 各种矮树：龙爪槐、树丛
2 小垂直树
3 鸟瞰中的树
4 山林在鸟瞰图中

随波浪起伏，形成随波浪一层层的倒影，或随波浪形成弧形倒影。波浪越大，每条倒影距离越宽越长。所有岸上景物倒影虽不连续但和波浪协调一致，即是岸上景物反映在倒影中与波浪连续（图 4-9 d、4-9 e）。

5. 鸟瞰图中湖水的水面

由于湖水可能很平静，鸟瞰图中有时作留白处理，表示湖面平静如镜，完全反光，反映天空。只有微蓝色的光影，也可作天空白云的倒影。在近岸处有岸边树丛、建筑景物倒影，但从鸟瞰图上看则倒影也不多（作品图页 5-2、5-4）。

6. 渲染图中小面积水面作为建筑环境配景之一

庭院内、广场上的水池，往往用十分简单的画反光倒影的方法表现即可。池小，只宜将附近的倒影描绘出来。

注意事项：(1) 水面上往往有二种或几种不同的水面。有时风吹远处水面出现很狭窄的一条亮带，这是透视中远处水面受光照及反光极亮水面。近处水面此时则呈有缓慢流动的涟漪。岸上景物倒影有时被这种亮带隔断，天空白云在水中倒影虽亮，也会被暗带隔断。(2) 水面上的漂浮物如浮萍、荷叶、枯枝等可以按事先勾好的形状空出，而后再重新描绘其在水面上的倒影和投在水面上的影子，也可在水面退晕完成后用粉画颜料后加。这些漂浮在色深的水面上呈浅色，在色浅的水面上呈深色。游艇应先空出，或用水粉画后渲染水面，应有倒影和影子。

7. 海水的画法

海水经常波涛起伏，不可能有平静的水面，因此海水并不能产生明确的景物倒影。在涨潮时，从岸上看海水为近墨色深蓝绿，平时则为碧蓝、深蓝绿。海湾内局部有反光强的粼粼波光，也有倒影。一般说近岸处，或近礁石处，海水拍打海岸的浪花。在近沙滩处则海水渐浅、有一白带、渐黄，最后即为沙滩。(1) 渲染时，远处海水有反光，浅而朦胧，从浅蓝到深蓝极深蓝绿色退晕以表现海的远近透视感。(2) 沙滩附近分几层，深蓝、浅蓝、白色、黄色沙滩，如海水拍岸后又退去留下的沙滩。而石岸、礁石附近即深蓝色海水岸边有白色浪花，即浪涛拍打石岸情景。海水拍打岸边是一层层向前推进，因此在岸边不远处有明显的海浪推进形成的浪花。

水彩渲染海水必须先在浪花处用铅笔打好线稿，渲染时空出，再在浪花下加阴影。在石岸或礁石处则留下激起的浪花线稿，渲染时空出。如水彩水粉混合渲染则在渲染海水之后用白粉补画浪花。这种方法比较容易

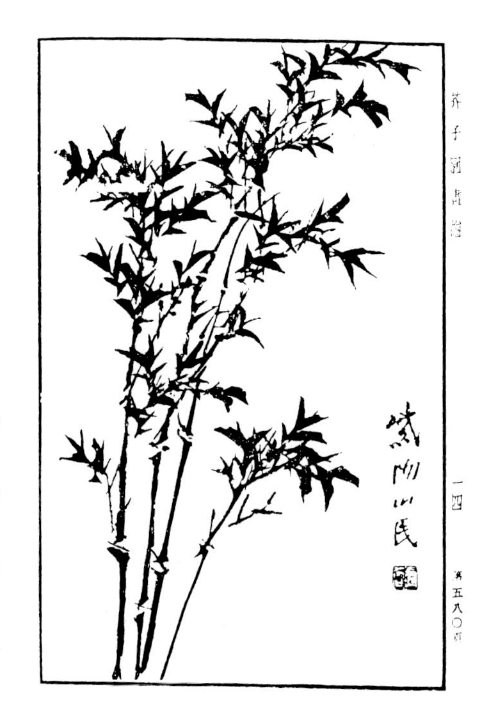

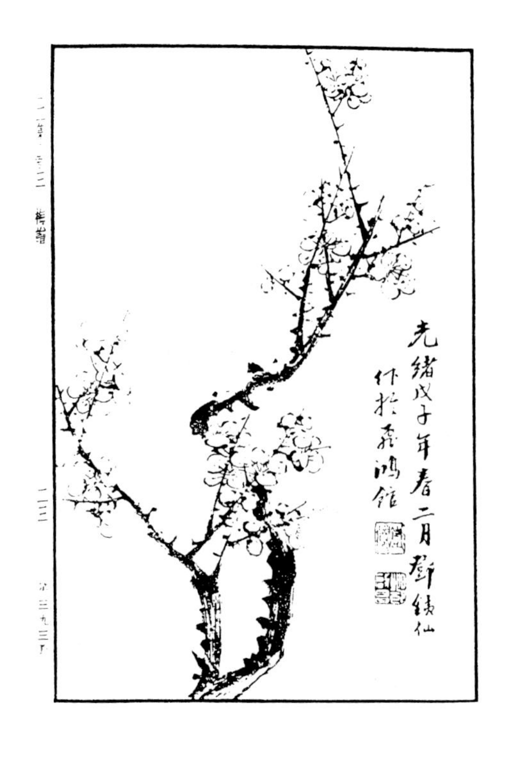

图 4-11 g（左页左） 芥子园画传中的竹

图 4-11 h（左页右） 芥子园画传中的梅

图 4-11 i（右页左） 芥子园画传中的石

图 4-11 j（右页右） 承德三十六景之四：梨花伴月

(作品图页 5-3)。

(五) 树木的画法

建筑表现图中十分重要的配景是树、灌木丛及绿化。树在表现图中仅仅是配景，不宜过于写实，位置应尽量避免图面焦点所在，即使风景区鸟瞰图，也要从总的图面布局考虑。树的姿态和干、枝、叶应尽可能概括。风景区或城市郊外大量的是远树作为配景、近树作为景框使用。城市中心、街道树木不多，宜从总平面布置树木开始，明确树与建筑的关系。使得总体布局中，树的位置、形状、大小恰如其分，是总体布局中绿化布置的一部分。在已定的布局中，如沿道路两侧有人行道树，则必须先考虑表现图中树的位置与建筑形成一个完整的构图。绝不是在表现图渲染时或接近完成时再考虑图面上那个位置上须设树一株以满足图面构图的需要(图4-10 a)。

1. 树在建筑总体规划中的布局

城市内有人行道的树、马路绿化带中的树、城市广场和绿地中的树。这些树是已有的固定的树。建筑师在设计工作中如有必要可改变其位置，也可适应其位置。建筑物总体布局中的绿地及树丛布局，可以置于建筑物后面以衬托建筑物，也可放在侧面陪衬建筑物。如在建筑物前侧，可以作为景的侧面景框。如建筑物前有一排大树，形成建筑物在树林后面，表现图以这排大树为前景，从树丛中看建筑。这种图面上的构图方式实际上也是为了衬托建筑，也是为了更好表现建筑物的环境特色。即是从四面深色的近树干、枝、叶中看到明亮的建筑物。以近树干、枝、叶为景框 (作品图页 4-11)。

至于高层建筑，树的陪衬作用并不显著，画的目的是表现高耸的建筑物。有时画沿街建筑，为了表现商业展示橱窗，人行道的树必须画高一些，甚至适当减少，或画成冬季枯枝，以免遮挡建筑底层入口、橱窗。在用水彩渲染时，也可将树冠用浅绿色适当示意即可，以便透明的浅绿色不致起遮挡作用。

2. 树的形体

按照各树种、树型、树冠综合，作为表现图的配景树大体可分：(图 4-10 b)

(1) 高耸树型：松、柏、桉、棕、柳……

(2) 中等高度树型：槐、桧、梧桐、塔松……

(3) 低矮型树型：龙爪槐、乌柏、紫荆……

(4) 树冠形状：垂直狭长、四面延伸、圆球形组合、伞盖状组合、尖锥体形；

(5) 绿篱、冬青及矮灌木；

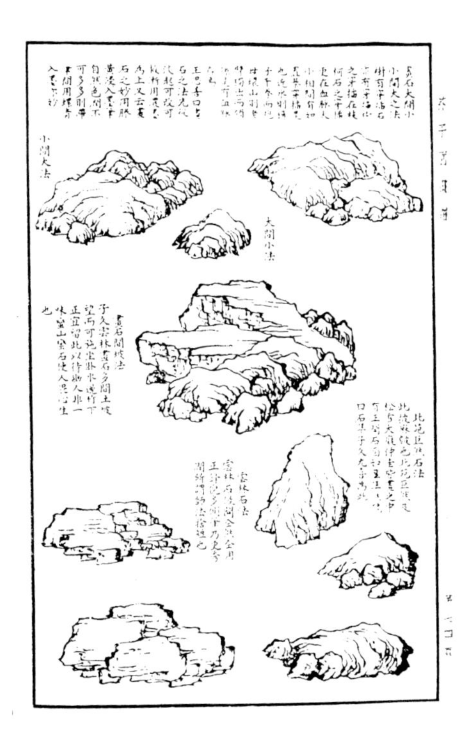

(6) 垂直绿化如攀附墙面上的植物。

3. 国画中关于树的画法可作参考

国画中有树的布局、姿态以及枝叶细部有许多值得参考并用于建筑表现图中。由于树在表现图中居于陪衬地位，树本身不能孤立自成一体。否则不但不能加强表现图的表现能力，反而使图面混乱。因此，对国画关于画树的章法、技法必须是借鉴灵活运用作为配角，因此，在建筑表现图中的树不宜过于描绘，宜简炼、概括。画树的技法有时也须程式化更多些。

4. 树的具体画法

按照总体布局画树，先画远树，主要画出层次，后画近树，作为景框的近树可最后画，应层次分明。原则上，画远树浅、冷灰色，不见体量，只见远近层次。远冷或远浅近深，远树溶于天际。近树则可画枯枝，树冠(球形、伞盖形)。近树也可分远、中、近，最近的树最清晰，色冷深，可作景框的树（图4-11 a~d)。

(1) 学习画枝干：树的枝干是形成的骨架，国画谱中多有介绍，可作参考。画树宜先学画树枝、干，秋、冬季树叶落尽，枝干尽露，可以作为学习画树的对象。

关于树干、枝生长的特点及其画法：

1) 树干枝生长背地向上，如在平地，树干总的生长方向是向上。如在斜坡上或山石斜向长出石缝、地面后即反向上长出干枝以求枝干平衡。如水边柳树，即使向下俯伸至水面，枝干仍是反身向上生长（作品图页2-34)。

2) 树干上生长树枝，越往上越细。上部细枝截面积总和约为下面枝干、粗枝的断面，上部粗枝的断面积总和约为下面树干的断面积。这只是一个概念。

3）枝在干上生长一般是螺旋转上升生长。出于构图的要求一般不宜在一处同时分长出二支以上的树枝，集中树干端部的树只有梧桐及水边柳树。

4）树的顶端细枝形成向四面生长的球形，这即是树冠的基础。如略加浅绿色即是新芽初萌的树冠。如树梢叶落几尽，留下几片枯黄树叶则是秋、冬季树，残留的较大枯黄树叶而非新芽。

5）以上从树干的组成来看，画树的枝干可从下往上运笔，也可从上往下运笔。但，事先都应有腹稿或铅笔线稿。从上先画细枝后集中成几枝支干，再由几支树干集中往下画成主干。细枝、支干都要画成前后交叠成为女字。细枝用细笔，水分不宜过多，往下换大笔。用色上浅、下深，直至地面与地面草丛衔接。也可以上下浅中间深，地面与浅草衔接。

从下往上画则是遵照树的生长方式画，先画粗主干，而后分杈。一般分出二杈，再分四杈，多杈可在分杈后再分。树枝分杈处（干上生枝处)，都是凸起与转折处。一般不是直线生长，仅松、柏主干是直线向上，其支干再分杈也是曲折发枝。分杈发枝后前后分枝互相有投影，前后明暗不同以示二者空间关系。画发枝杈处时，运笔在此顿一下，即可形成分杈的凸起，细枝分出杈也应顿一下。总的看来，从下往上画比较更易掌握。春季细枝梢头与嫩绿细芽相接。秋、冬季树一般画完树枝后适当用笔点一些残叶。树枝干自身受光照影响有木纹、阴影，从上至下一般从冷深至暖浅，应表现树干的圆形。

(2) 树冠枝叶的画法：从主干向外放射分散枝、叶的树冠有二类：

1）是新发芽、向周围形成圆球或伞状覆盖的新枝叶。可用细笔顺树梢细枝向上、向外画短、浅绿色新芽、叶。如是从上往下画，也可以用笔先从外从上往枝梢方向画绿色细枝、芽，再往下画枝、干。如秋、冬树可不画叶，主要画枯枝。

2) 松、柏，从主干向四周水平长出枝干，在枝干尽处、上面长出针叶，用笔从主干先顿一下再向外画出支干，接近树梢应用细笔在其上加细枝，顺细枝画一遍长形树冠。树冠根据枝干分杈在其前后加二层树冠，后面的一层应浅或深以衬托前面树冠。这是简化概括了的松、柏树叶。也可仿中国国画方法画松针，首先画一片浅色，覆盖于松针的面上再画松针，前深后浅画出层次，也可前浅后深分出层次。这里一般不表现树冠体量，在画完各支干的树冠后，必须把树冠下的细枝加上阴影，后面的树冠色深，用深色填补细枝周围以衬托出前面树冠的细枝（作品图页2-16、图4-11 b)。

(3) 其他几种不同类型树冠的树的画法

1）球状或多个球状树冠组合成一株大树，有的高耸，在树顶端形成树冠，如柏树。也有不太高的树主干分出支干，各自的末梢都有一球形树冠，如槐树。较矮的树有时也被修剪成圆球形、半圆球形作为装饰。这些树都可以画出体量，不必细画枝叶。有的高大柏树有许多枝干向上沿着主干出现许多长圆形大小树冠。棕榈树的叶片生长在树干顶上，远望呈一大球，但稍近即可见叶片从树干顶部伸出。画棕树时注意叶片四面伸出，前后分层又有影子互相交错。先画树冠，后画树冠和树干之间的棕皮，一层层用细笔画出。树干则是一层一层剪的棕皮痕迹，从上至下，从深到浅。

2) 向四周放射性的树冠，如椰子树，在海岸上受海风吹袭，树干向海一边倾斜再弯起向上。椰树的叶片大，上有分杈。先画叶片，从树中心向外伸长，树叶集中在树干，叶下有圆形椰果，下为树干层层椰皮，椰树在热带海滨建筑表现图中是不能缺少的配景。

3) 尖锥状树冠是较高的装饰城市环境的树。雪松树冠如塔层层往上叠起向外伸展。远景的雪松可画成一片，近景则要描绘其叶片的圆形体量。从上到下退晕，有时尖端浅而暖，有光照到，下部则暗冷。有时视图面需要而定。

4) 覆盖伞状树冠是较矮的树。树干分出支干形成支干上覆盖扁形树冠。树干多曲折如龙爪槐。先画树冠，后画树干，枝干弯曲变化较多。最后画树冠盖的后部，树比人略高盖状树冠后部底色暗阴影虽投在树干枝上仍须用略浅色以免与后面深色树冠混淆。

5) 梅、竹是园林中多见的植物。可参照国画谱结合水彩画技法。姿态、构图十分重要，画梅以稀、瘦、老、含为贵，梅花可用水粉点出，枝干则可用水彩画。枝干婀娜多姿，可作园林景物的陪衬。竹叶布局最为难画，虽有概括的画法，但构图难于太真实，画得好则不能作为配景，画得差则又成为一失误。示意的竹丛不能臃肿，并不在于枝叶构图。远处竹林只能作为远树示意而已，近处则不宜杂乱（图4-11 g、h）。

(4) 树林茂密的表达方法

树林茂密，宜分远近，极远树林作为一片，许多近似半圆形高低错落，色浅，近则色深。可先画极远树，画时可不考虑近树，再作近树的几层叠加。远层有树形，色浅冷灰，近则色深，树形渐清晰，最近则树枝干清晰，可作建筑两侧配景。在建筑前的树，枝叶都十分清楚，极近作为景框的树则色深，但不十分清晰。几层林木各不相扰，以近和较近树为主要配景，极远树不过取其大意而已。

(5) 鸟瞰图中的树

1) 以树丛为覆盆成组群，画出体量、层次分明。有影投在地面上。

2) 垂直的树与一般配景相似树冠不成球形而呈成片或尖塔形。树可用以拉开建筑群的距离，远处可以点成，无具体形象。这在鸟瞰图尤为重要（图4-11 f，作品图页 5-1、5-3）。

（六）人物画法

人物是表现图中尺度的主要标志之一。应在需要表示尺度的部位布置，不宜过多。人群布置随建筑性质而定，百货商场陈列橱窗前，车站入口处可以多些。医院、学校不宜过多。小学、托幼建筑不能多画儿童，仍以标准高度成人为主以示尺度。人的比例和高度与建筑、汽车等相比较都须准确相适应。人的头部不宜过大，腰上身应略小，腿部修长，不论戴帽或不戴帽，注意头部比例。衣着色彩明快注意与建筑物对比。人的姿态要能注意男、女、儿童之差别。女性站立两腿并拢，男子则常分开不并膝。儿童由成人携手拉着，因成人高度远过儿童，儿童一手斜着由成人拉着，身体倾斜，一手下垂，脚也一高一低，腿短而分开。注意衣服、裙子投在下身腿上的阴影。人体投在橱窗、踏步、马路上面的阴影可以把人身与这些部位拉开距离。逆风而行衣裙飘向后方，与树、云方向一致。站在橱窗前，一脚斜伸或并立。走路见背面时一腿前一腿后，向前迈的腿短，阴影较多，后面一腿阴影少。走路见正面时向前迈的腿影少，后面的腿短影多。总之，要考虑动态，切忌人群站在路上不动，这是不真实的（参见图5-7 a~c）。

（七）汽车的画法

汽车种类宜与建筑物性质协调，邮局银行小面包车，医院有救护车，小轿车适应于各种建筑，长途汽车站则有公共汽车。注意车体透视准确，汽车的特点是表面光洁度高，反光强，高光处多，因此，必须注意光线照射方向。一般说车顶、车头上面受天空光照强烈，车身垂直部分次之，车身下部有一窄条向车底卷入较暗，车身侧面有亮线从车尾至车头。车辆头部很多金属装饰，轮中央部分都是高度反光部分，车窗有反光，也可透明，主要是视线与光线反射的关系。正前玻璃斜面反映天空、街道树木、建筑。两侧车窗一般无这种反影，可以把正前车窗画成反光极强，车内隐约有乘车人影，也可画出窗另一面街景即是车内玻璃降下或完全无反光(参见图 5-7 a ~ c)。

画车先打铅笔稿，轿车的高度比所处位置人略低，按这比例即可画出车长及透视中车头或车尾的细部，注意用水彩画车将高光部分留出，将浅部受光不强部分先画，逐步加深。如侧面深浅变化有三层：车顶、侧面、侧面下部。轮胎不宜过黑，以深灰为宜，在上部被车身罩住部分有影加重，使车轮与车身有一空间，亮部可用深蓝灰色加工表现金属的高光。地面有影，把车身与地面距离拉开。如有人站在车头后面，车头上面应有倒影，以此把车与人及后面建筑拉开距离。地面如是沥青路面，又洒过水，则有反光，主要反映车轮中央亮部。

表现图中的人物与汽车宜用水粉或水彩、水粉结合画。

注意：a.汽车位置在建筑前两侧一般不放在图面或建筑物的中央部位。b.汽车有动态，所以车头的动向不宜面向画外，宜引导人们注意焦点所在。c.应先定汽车四轮在地面上的透视位置，结合所在的行人高度即可准确定出车的透视轮廓。切忌汽车透视与建筑物透视不一致或尺度错误，过大或过小。

(八) 街道上设施的画法

街道上的设施，交通管理设施，如红绿灯、人行指标灯及斑马线、汽车停靠站牌，单行道指示牌和商业广告牌等，可表现城市内的情况及建筑周围环境，宜真实不宜过于琐碎，如电线杆、电线、电车线等也不宜过多。

第五章 水粉渲染（不透明水彩渲染）

水粉是一种不透明的水彩颜料，这种颜料长期被广泛应用于各种绘画，如广告画、肖像画以及风景画，用于绘建筑表现图也有很久的历史。由于其覆盖力强，绘画技法便于掌握。

一、水粉颜料的性质

（一）水粉颜料（Opaque Color）即不透明的水彩颜料，是一种含胶质多、颗粒较粗、掺有粉质的颜料。这种颜料的覆盖力很强，用来绘制建筑表现图，既可以表现大的效果，也可以作细致的描绘。正因为它有较强覆盖力，便于修改补缀，用来绘画有很大的自由度，可以放手无顾虑地下笔，因此，也就容易掌握技法。

（二）水粉颜料也可以用白色水粉调入水彩颜料代替，效果相似，只是色彩强度受掺入的粉而降低。但有时利用这种代替品更宜于细致的局部描绘。

（三）水粉颜料也可以作为水彩颜料的代用品。只要多掺水即可加强透明度。这时的水粉颜料可以用作大面积的渲染，可用“洗”的方法渲染。用来画粗石料，地面因有较多的沉淀而更好地表现石料质感。甚至完全代替水彩颜料，只是沉淀多些。

二、水彩与水粉渲染技法比较

（一）透明水彩胶质稀、少，透明度高，可以通过各层色彩的叠加获得十分含蓄的色彩。这种效果是不透明水彩即水粉所不能比拟的，但一旦失误修补困难。

（二）不透明水彩可以在渲染失败或不理想时重新覆盖或清洗后再重画，可以不受原画残存的痕迹的影响。因此，水粉可以用快速的直接法渲染后再细致地描绘达到一定深度。

（三）透明水彩用作多层覆盖使各层色彩互相补充组合。水粉则只能遮住前一层的色彩，把需要暴露的部分留出。这种组合不是色彩的组合，而必须事先调配好含蓄的色彩。

（四）因此，也可以说用透明的或不透明的水彩颜料渲染都能达到含蓄、细致的效果，也都能表现光照对比强烈的效果。只是各自的方法不同而已。

水彩渲染要达到如同水粉渲染一样的强烈对比效果，则必须多层次多遍渲染。用水粉渲染要达到水彩渲染的含蓄、细致则可以通过细致调色和描绘取得效果。不少用水粉颜料绘制的建筑表现图和广告画中的工艺品一样可以达到精致逼真的效果。

三、水粉渲染选笔、选纸

（一）选笔

水粉颜料较稠，画法根据渲染要求而不同，用笔也不同。大面积退晕要把较稠的水粉颜料迅速铺开，一般的画笔不能运用自如。颜料必须铺匀，如用圆锥形小笔头往往因笔尖和笔头根部颜料不同，接触画纸用力不均匀，着色也不均匀，而水粉颜料易干，不均匀的颜色容易干固不匀。因此，水粉渲染必须用扁硬毛水粉画笔。一般狼毫画笔只能用于描绘细部。大面积渲染则要用扁平小板刷。

（二）选纸

水粉渲染用纸比水彩渲染标准可以低一些。有些画纸质地松散，用水彩渲染易洇渗，用水粉渲染则不然，因水粉颜料稠，用水少，水分少，胶多不易洇渗。又如纸张面层过于光滑不挂水，不能用于水彩渲染，但如用于水粉渲染则不会出现着色不匀、出现笔划痕迹的现象。有些纸张质地过薄，既不宜作水彩渲染也不宜作水粉渲染之用。一般选纸质厚些、纸面光洁即可。有一种较厚的深蓝灰或深褐色的画纸，可作为某一种渲染表现图使用。此外，还有一种粗糙的纤维板，可在上面用厚水粉渲染。过去一些建筑师多用它来画西班牙建筑，效果甚佳。

四、水粉渲染退晕技法

建筑表现图中退晕是表现光照效果和阴影变化的关键。水墨渲染和水彩渲染退晕技法基本相同。水粉和水彩渲染主要区别在于运笔方式和覆盖方法。大面积的退晕用一般画笔不易均匀。必须用小板刷把十分稠的水粉颜料迅速涂布在画纸上，往返反复地刷。为了避免很快干固有时还需事先将纸润湿。面积不太大的退晕则可用水粉画扁笔一笔笔将颜色涂在纸上，颜料较干，退晕是由很多笔触组织成。小板刷退晕不易均匀，往往留有许多笔迹。扁笔不便刻画细致细部。因此往往需要多种画笔同时使用，狼毫画笔仍然有很大用途。大约有几种退晕的技法：直接法或连续着色法；大面积退晕用“洗”

的技法；点彩法；喷涂法。

（一）直接着色或连续着色法

水粉渲染的连续着色法与水墨渲染、水彩渲染是相同的。只是水粉的直接法或连续着色法是用较干的水粉颜料渲染，水分少，表现笔触较多，有时几乎是用较干的笔，一笔一笔地编织，退晕相应也不十分均匀。但也正是如此，别有意趣。这种退晕方法多用面积不大的渲染，这种画法是直接将颜料调好，强调用笔触点，而不是任颜色流下。大面积的水粉渲染，则是用小板刷刷，往复地刷，一边刷一边加色使之出现退晕。如天气干燥可先将图纸润湿，必须保持纸的湿润。为了不致将退晕前的颜料带到退晕部分，要备干净纸或湿布，随时清洁画笔或小板刷。水粉颜料不宜掺水太多，否则缺乏覆盖力，同时出现不均匀现象。而水粉颜料中的水分过少，又使笔不好运行，恰如其分的含水量要在经验中摸索。这种覆盖方法层次不能过多，有时应事先考虑以最少的层次完成渲染工作。层次过多时图面上积有一层极厚的粉色，不易保存，日久粉色剥落不易修补。

（二）仿照水墨水彩“洗”的渲染方法（作品图页3-18）

水粉虽然比水墨、水彩稠，但是只要图板坡度陡些也可以缓缓顺图板倾斜淌下。因此，完全可以借用“洗”的方法渲染大面积的退晕。方法和水墨、水彩完全一样，只是图板坡度要在调好渲染用的水粉颜料画在图板上时才能决定。把水粉颜料调成糊状，用笔涂布一条上下宽30~40mm，将图板抬高待水粉能缓缓向下淌时即可固定为图板坡度。这时将已调好的水粉颜料逐渐加入盛着原有颜色杯中，调匀后，用笔往下引导平行淌下。注意事项：a.最好往杯内加深颜料的笔和往图上加颜料的笔是两支笔。不要用涂布颜料的笔往杯内加深颜料、调匀杯内颜料。b.必须准备干净纸或布，随时擦洗在图纸上渲染的画笔或小板刷，以免颜色混淆、变脏。为了渲染均匀退晕，须准备4~5只调色杯，每只杯内盛入足够的按各退晕色彩变化阶段的颜料。退晕到那一阶段即用那一杯颜料调入渲染用的颜料杯内。这样既保证了预想的明暗色彩的退晕，又保证退晕均匀。这种渲染方法往往一次成功。渲染完毕必须将图向一侧倾斜，任未干的颜色横向流淌以弥补出现的瑕疵。

（三）点彩渲染法（Stippled Method或Pointillistic Method）

这种渲染方法是用小的笔点组成画面，这种画法需要很长时间，耐心细致地用不同的水粉颜料分层次先后点成。表现色彩丰富、光感强烈，用点彩法渲染天空，常常呈现出闪烁的效果，十分生动。不但建筑天空使用点彩法，而且，树丛、水池、草坪也可以一一使用点彩法。点彩渲染不论先渲染亮部或暗部，都是在干透后再点。因此如有瑕疵，可用后加彩点覆盖或局部洗去再点。由于粉画颜料干和湿时表现色彩差异很大，点面积很小而干得快，一般点彩前都先用水彩或淡淡水粉渲染作为底色后再在底色上点彩覆盖。所以，如画天空这种大面积的退晕往往依靠退晕底色，点彩作为辅助方法（作品图页3-20、3-21 a、b）。

（四）喷涂渲染法（利用喷笔Air Brush渲染）

渲染是利用压缩空气把水粉或一种特殊颜料从喷枪（图5-1）嘴中喷出形成颗粒状雾。也有用铁丝网上用牙刷沾颜料刷下形成细颗粒涂在图纸上。这种方法至今也有六十余年，二次大战之后更受重视。喷涂技法并不复杂，但十分麻烦，原来只是设想取代画出均匀退晕的天空，现已发展为全部都用喷涂。喷涂之前要准备、刻制遮板以作遮住一部分，喷涂不被遮住的部分；再遮住这部分，喷涂另一部分。这样遮板多，喷涂麻烦，原先几笔即可完成的工作成为手续繁多的工作，费时、费事、费劲。喷涂必须作重大改进才能作为行之有效的渲染技法。这里是用水彩颜料喷涂（作品图页2-25、8-2）。

五、几种水粉渲染表现图

（一）深色画纸用浅色水粉的渲染画法

这种渲染方法比较简便。将建筑图稿画在深蓝色或灰、褐色画纸上，只需要将建筑受光照的地方用浅色水粉覆盖，其余深色纸的深色即是不受光的暗面。过去可利用晒的蓝图裱在板上加浅色水粉渲染的办法复制多份，见效快。但十分粗糙，仅仅能表达一个体量而已，不能说明更多问题，建筑材料的色彩、质感都无法显示出来。这是一种供建筑师快速出图的办法，现在已不使用（图5-1、作品图页3-3）。

（二）平涂分块的渲染图

这种渲染画法是一种不退晕的色块组成画的画法。其特点是将建筑和配景都用线条分成许多小块，将水粉颜色填入，色彩不作退晕，只是平涂。远近建筑及配景只有色彩明暗区别，明暗之间无退晕过程。过去这种画法很多画在粗糙的纸板和厚纸上。天空树丛都是平涂的色块，墙面上的阴影部分与受光面是一明一暗，明暗各自平涂或先画暗面，后把浅色覆盖在上面以形成亮面。这种画面与一般水粉渲染不同之处即是以色块图案构成画面，一块块地填水粉颜色，因此渲染时间长，线稿都十分明显地露出来。这种画法与点彩法相反，点彩则更细并且有退晕。这种画法可作为艺术绘画的一种形式，也可以作为建筑设计的一种表现图（作品图页 3-2、3-5）。

（三）分层覆盖渲染法的表现图

由于水粉颜料覆盖力很强，可以按渲染程序用水粉逐层覆盖。每覆盖一层将要显示出的部分空出，最后完成。其原则是先暗后亮。例如：一栋很多带形窗的高层建筑如每层带形窗一一填画、靠线、逐层退晕十分麻烦，不如作一次统一渲染，连同建筑外墙都遍布颜色，最后用墙的浅色水粉覆盖一遍将带窗空出。这种画法在

图 5-1
在深色画纸上用水粉绘画——罗马奥克塔维阿斯拱门CRALDK K.GREER LING 绘

图 5-2
水粉渲染叠加覆盖法渲染一般程序
1 渲染天空及建筑深色部分
2 渲染阴暗面部分
3 渲染影、地面退晕底色及亮面
4 画建筑细部、人物、配景

图 5-3 a
水粉渲染配景：几种天空的画法
1 用水彩铺底色用水粉画云
2 用水粉铺底色用水粉画云
3 用水粉铺底色退晕，利用其不均匀加工成为云层
4 用水粉铺底色后用水粉画云层

图 5-3 b
水粉渲染配景：几种地面的画法
1 水泥路面
2 沥青路面
3、4 水泥路面渲染先铺底色后画地面阴影
5、6 沥青路面渲染先铺底色后画倒影及地面反光

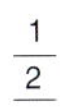

图 5-3 c
水粉渲染配景：山石的画法
1 水粉渲染山
2 水粉渲染山石：先画底色有明暗退晕后加深并画亮部

1|2|3|4|5|6

图 5-3 d
水粉渲染配景：树的画法
1 杨树
2 风吹杨柳
3 概括的树
4 矮树
5 椰子树
6 矮树

画窗时很省时间，而且各层带形窗色调退晕十分和谐，省时省事。但其缺点是每覆盖一层必须重新画一次线稿，无形中又增加时间。同时，由于近似机械化的画法，虽然能获得强烈明暗对比效果，但比较粗糙，要表现得细致、丰富、含蓄，仍要进一步研究、改进（图5-2）。

（四）点彩法渲染的表现图

利用点彩法或部分点彩法渲染表现图(作品图页3-20、21 a、b)。渲染技法如前所述。点彩法也有用薄水粉颜料渲染或水彩颜料渲染。

六、水粉渲染配景的画法

（一）天空的画法

水粉渲染天空的方法有：

1.晴朗天空可以如前所述用板刷从浅至深。一般可以得到均匀退晕，也可以用水墨水彩“洗”的方法，天空要求洁净，洗完之后将图板向一侧倾斜以自行修补因水粉颗粒与着色不匀出现的瑕疵。

2.有云的天空可以在用板刷渲染退晕出现不均匀时利用这不均匀部分画成薄云。如深蓝天空微有白云，可选用极浅湖蓝+绿+白粉从左上端开始往右端退晕，逐渐掺入深湖蓝、普蓝等，在退晕过程中出现不规则的接痕，可以接痕为基础用板刷（现已沾有稍深的蓝色、湖蓝色）略加几笔即为薄云（作品图页3-12）。天空远处浅近处深，呈深蓝、群青、微紫。也可先渲染成深蓝天空，待未干透时用大毛笔在天空上加云。这时毛笔并不沾白粉，只是浅于天空的湖蓝色（图5-3 a）。

3. 画多云的天空，可以在渲染天空时即打好腹稿，把云和远处天空的关系预先考虑妥善。用板刷沾天空深色从左往右退晕，一边退晕，一边空出浅色云层的位置，用板刷改变水粉色重复渲染云层，这时板刷应沾浅黄、白、浅灰色组织云团，也可以用图案化的云层组织天空，这种方式有时过于琐碎会干扰建筑主题。图案化的云可用水彩、水粉渲染（作品图页3-10）。

（二）地面的画法

地面如水彩渲染技法所述，柏油马路有倒影，先作暗灰色退晕再画倒影，再画地面光影，最后着重将倒影加重。如人物、汽车轮亮部倒影可在最后画。现在许多表现图都用小板刷水平刷一段地面，不作退晕只是示意，类似图案画法（图5-3 b、作品图页3-12）。

（三）山峦、山石

远处的山峦呈青灰色。稍近的山青灰色中有少部分山崖，可后画。再近的山画树丛与山崖组合，后画山崖，先画树丛深处后加亮处。水粉画中一般画得不细，主要表现山和树丛的体量。自然的山石，有裸露山石呈浅色，在草丛内的石，水边的石，遍布青苔呈灰绿色。先画暗部后加亮部，最后加浅草于石的前面，近草、小树都可用浅色后画在灰绿的石块前（图5-3 c、作品图页5-3）。

（四）草坪和树

可先用绿色作退晕，后用点画以增加细草茸茸的形象。局部可画成组的草丛。草上阴影可以点画露出，暗处即为阴景。树的画法和水彩渲染基本相同，只是先画中间色，再画远处浅色树，后画暗、深色近处树。整棵大树可先画中间树叶，再画远处深色树叶，后画近处浅色树叶。树干、树枝阴影及暗部先画阴影边缘为深冷色，后画浅色表示亮部，尤其桦、柏树，最后画树干亮处。亮处不应简单用白粉，也应有多种浅色。最近的树作为景框的近树叶枝干都以暗为好，甚至用群青和深绿（图5-3 d、作品图页3-11 b）。

（五）水面（图5-3 e、f）

有三种表现方法。(1) 将岸上景物如实画成粗略倒影，色彩比岸上略灰，接近岸边有一亮带，远离岸边深。后加极亮色水平的光带表示水面一部分反光极强，再加一部暗带。由于水粉湿画不易掌握，但也可以按水彩湿画法渲染。(2) 从远至近用水粉直接退晕，略干加浅色及深色的涟漪，表现平缓流动的水面。(3) 在已退晕的水面上加亮波纹。注意岸边应有白色光带。(4) 用水粉画表现海水、海滨沙滩等比较简单。海水可用板刷渲染，并不要求均匀退晕，远近退晕可以出现水平层次，海浪可用白粉色或浅蓝、绿色直接描绘。水粉的特点即是可以直接渲染，如沙滩与水的白色部分都是后画（作品图页5-3、5-5）。

用水粉渲染水面时岸上倒影的描绘比较粗略，原因即在不能多层次叠加，层层透明，如画室内渲染地面的多层次阴影一样。在画水时表现波光亮部可以后加更为方便，而描绘静静水面则因比较复杂需用时间细致刻画。严格地说，水粉渲染接近油画，其表现能力远

1	2
3	4

图 5-3 e

水粉渲染配景：几种水面的画法（1）

1 作基本水面退晕和建筑岸上景物的退晕。水从上至下从浅至深，景从上至下从深至浅

2 加静水中的波影

3 加流动水流波影

4 加粼粼波影

1 | 2

图 5-3 f

水粉渲染配景：几种水面的画法（2）

1 平静水面

2 平静水面有浮萍

远超过水彩渲染，尤其表现材料质感和自然配景更是如此。如海水波涛汹涌，拍岸浪花，飘浮的泡沫，这些用水彩都难于细致入微地描绘。这才是水粉渲染更富有表现能力，而不在于水粉渲染对比强烈，易于获得肤浅光影效果。

七、某些局部的画法

（一）石墙面

与用水彩渲染相反，高光后加，先画中间色，不须事先渲染底色。高光阴影、石缝都可直接画上。由于石块之间色泽不同，不能用底色来统一，退晕要一块块直接画，画一块变一次色，不合适可再加一次。如果调好一些颜料，画几块适当加一点颜色以取得石块间的微差，也不困难。石块砌墙在透视中远近、上下既有退晕又有色泽微差。用水粉渲染石墙，必须逐块按照既有退晕又有微差调正。注意，色泽微差是一种有规律的构图布局，并非退晕（图 5-4、作品图页 3-11 a)。

（二）砖墙面

有二种画法：(1) 渲染后用铅笔或白粉画的墙线，再适当用细笔加几笔以示光影或微差。可在渲染正体墙

1	4	7
2	5	8
3	6	9

图 5-4

水粉渲染：几种屋面及墙面画法

1 绿色琉璃瓦屋面
2 红色陶瓦屋
3 青灰石板瓦
4 石墙的画法
5 浅石墙的画法
6 平正石块墙的画法
7 红色大理石墙面
8 灰绿色大理石墙面
9 暗红色贴面砖墙面

图 5-5

水粉、水彩混合渲染建筑金属构件、饰物

1 金属门把手
2 小金属附件：门上小窗
3 灯
4 铜门饰
5 小漏窗
6 壁灯
7 不锈钢圆柱
8 门两侧壁灯

面时将阴影效果一并画上，同时在画墙线时应适当加重阴影部分。(2) 用直线笔直接画出墙砖（作品图页3-12）。(3) 大比例尺的墙面可以先作大面积渲染，后用铅笔画砖块，再加砖的高光和砖块的阴影，最后适当挑一些砖块以示微差（图5-4、作品图页3-8、3-12）。

（三）瓦

水粉画屋顶是成片渲染加横线。屋顶光影在正体渲染时即画好。横线只是加强阴影效果。陶瓦屋顶瓦垄没有极亮的高光，只有琉璃瓦有这种高光。用水粉渲染则先画中间色，再画亮和暗部，再画阴影和高光。琉璃瓦也是如此，只是琉璃瓦端部和受光的筒瓦都有极亮的高光。每块琉璃瓦都有规律的明暗变化和高光，这是因为瓷釉的关系（图5-4）。

（四）金属附件和金属门窗有二种

一种是光洁度很高能反映周围环境，如不锈钢柱及金属件。一种是光洁度不高，如铝合金门窗、铜门、铁门等。水粉渲染可以后画高光。光洁度高如镜面，高光和亮面变化极大，而光洁度低的亮面与高光点、线之间有一过渡的退晕变化。这是一最为明显的区别。高光洁度的不锈钢柱犹如一个细长凸出圆弧面的镜子，将物体

1/2

图5-6

水粉、水彩混合渲染的一般程序

1 用水彩渲染建筑暗部、天空底色、地面底色退晕

2 用水粉覆盖墙面、细部地面光影、配景

变形拉长反映出来（图 5-5）。

八、水彩与水粉结合渲染技法

这种渲染方法是为了克服水彩、水粉各自在渲染中的弱点，发挥各自在渲染中的优点。发挥二者所长，使渲染得心应手，运用自如。这是不拘一格的画法。过去也曾有水粉与油彩、水彩与水粉结合渲染的办法。现在这种结合画法已被广泛采用，效果很好（图 5-7）。

水彩与水粉在大面积渲染退晕的比较，大面积渲染退晕，如用水彩，则必须层层叠加，遍数多可以取得均匀的好效果。水粉也可采取洗的方法相对比水彩快捷，但从色彩来看，用水粉这样洗出的图面不如水彩含蓄。

水粉的叠加渲染建筑有其优越之处，但往往每叠加一次覆盖后即要重新画铅笔线稿。工作繁重，重复次数太多，而且层数过多浪费颜料，易剥落，难保存。如用水彩为底色，如高层建筑的窗，可先用水彩作十几层楼的窗或几十层窗的正体渲染，铅笔线稿清晰可见，再加水粉画墙，覆盖也比较容易。又如有的阴影可以用水彩直接法退晕，阴影内的细部如门、窗框可以用水粉后画，也比较突出。又如门窗的渲染可以将室内粗略画成

图 5-7 a （上）
配景的画法：汽车与人物（1）
1 用水彩渲染小轿车的程序
2 用水彩渲染小轿车侧背面
用水彩渲染小轿车正前侧面

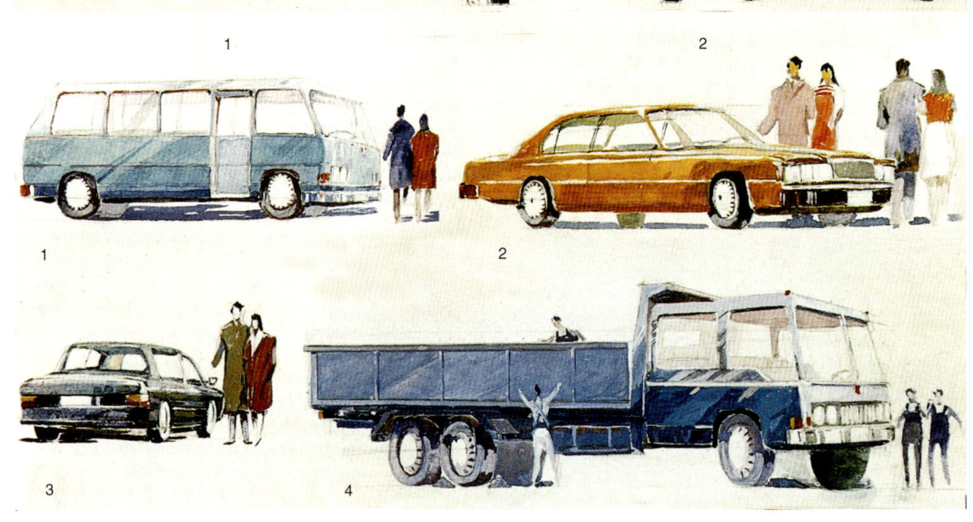

图 5-7 b （下）
配景的画法：汽车与人物（2）
用水彩、水粉混合画汽车及人物
1 面包车及人物
2 小轿车及人物
3 小轿车背面及人物
4 卡车及人物

暗色，窗框的门框则用水粉后画，比用水彩填门窗留出门窗框要简便得多。总之利用水粉的覆盖能力和有便于退晕的特点即可得到快捷易行的画法。

（一）天空的画法

有云的天空与晴朗天空不同。水彩渲染有云的天空，不易表现出云的体量。如用水粉渲染底色很厚，不如用水彩渲染作为底色，而后用水粉渲染云层，则可挥洒自如。用水彩湿画法画云即是比较单一的白云。用水粉在水彩底色上渲染云层既能有水彩湿画云层的自然多姿又能随时修补。用水粉修补渲染中的不足、失误（图5-6，作品图页4-9、4-12）。

（二）地面

可用水彩大面积退晕作地面的底色，用水粉覆盖画倒影，用水粉加地面光影，再用水粉加地面反光最强部分。画城市街道时，可以用水彩退晕，其他一系列的影子：天上的云、对面的建筑、树、人行道上小树影子及一系列的倒影。用水粉也可能表现逼真。水彩渲染可将影、倒影都重叠渲染，而后再加强其某一部分，即可充分表现城市街道（作品图页4-12）。水彩渲染室内地面时更是如此。在有几处光源情况之下，各方面照射出现

1
2

图5-7 c
配景的画法：汽车与人物（3）
用水彩水粉混合画汽车人物
1 长型公共汽车
2 各种人物特写

2

的影子及几种倒影可以重叠，事实上，多光源对一物照射产生多种阴影、倒影都是重叠的。这种情况用水粉渲染是难以充分表达出来的。水彩的透明特点即是重叠又能表现各自的形象（作品图页 7-5、7-8）。

（三）水面画法

用水彩和水粉渲染都能表达水面平缓流动，但是水中的倒影用水粉渲染表达则不如用水彩渲染。原因即是因为水彩能表现多层次的倒影，水粉渲染则繁杂得多。水彩渲染既可表现水流又可同时表现复杂的倒影，使用叠加法渲染可分几层画。通过透明的几层水流光影和岸上景物倒影可重叠形成丰富的水面。用水粉渲染和水彩渲染都可以表现水面上微风吹起粼粼的亮光带，但要表现粼粼微风吹起的细波中岸上影物倒影则大不相同。水彩渲染的湿画法简便易行，而水粉渲染则较复杂，但用水彩渲染的水面，可以用水粉渲染加一条远处的粼粼光带说明那里有微风在吹着水面，而水彩渲染的其他部位仍有如画的倒影（作品图页 6-6）。夜景中水中灯光倒影也可求助于水粉（作品图页 4-3）。瀑布下水面雾状水花，可以 用水彩湿画，可以用水粉补缀。在画配景中的水面时，水粉、水彩 结合效果是十分明显的。而水雾状的瀑布则不是用水粉渲染所易于表现的，技法也要复杂、繁琐得多。

（四）山石画法

大面积的山峦层层也可以用水粉后画树丛中的崖石，苍翠的山岭中可用水粉提出阳光照耀的暖色山崖（作品图页 5-3）。

（五）树丛的画法

水彩、水粉结合画树一般都以水彩为主、为底色，水粉为辅助加工，二者有时难分主次。水彩画树冠层次可以重叠，枝、叶可以叠加，如画大片树冠，细干、细枝要伸入丛中，可直接叠加。水粉即不可能。但是，要在树叶、灌木叶中分出前后，用水彩表现以深色为后面枝叶则必须将前面浅色枝叶空出较难。如用水粉画前面的浅枝叶则容易得多。用水彩画便于表现近深远浅的大的层次关系。而用水粉画便于表现很近的部位树、草丛前浅后深的层次。

（六）人物、汽车画法

人物可以先画暗部，再加亮部分。如人的下肢加白粉表示腿部受衣服遮盖部分多少，暗示人在走路。在人物站在橱窗间受橱窗内光照很强，可以加白粉表示人的位置已靠近橱窗。这种画法在夜景中经常使用（作品图页 6-4），汽车的画法是将汽车分面，后面反光极亮部分，比用水彩画要直接。事实上，用水彩画反光极强的物体，都要将高光留出来，如有失漏也还是要用白粉加工修补，画汽车也是如此。白粉可用来加工窗玻璃和车轮在地面上的倒影（图 5-7 a ~ c）。汽车玻璃可以完全不画，只画车内座位和窗外的情景。

水彩、水粉结合使用，对于室内材料质感和多层次阴影的重叠的表现都比单独使用水彩或水粉更为有利。夜景中如用水彩表现建筑，而用水粉加工表现光照效果也比只用水彩更易取得效果（作品图页 6-4、6-6）。至于透视图及鸟瞰图中使用水彩、水粉相结合在画水、树、山、建筑中互相配合更是相得益彰。

总之，只要掌握水彩、水粉二者的特性，即可以取二者有利之处互补，弃其不利因素，而不必拘泥于一种技法。在近几年的绘画中，在颜色盒、盘内水彩、水粉混在一起，不分彼此，把二者当作相同但是性格不一的伙伴，扬长避短地使用颜料，这种挥洒自如的画法已经相当普遍。水粉之厚薄和水彩的水分多少，全看具体情况而定，从而水粉、水彩的界限也日趋淡化。物为我用是十分精辟的道理。水粉可以薄而接近水彩，水彩掺白粉可以近于水粉，这不过是一互为有利的转化。水彩颜色渲染即是透明与不透明的水彩颜料的综合使用。

第六章 几种特殊表现图的渲染技法

一、鸟瞰图的渲染技法

鸟瞰图是一种视点较高的透视图，视点高出建筑，俯瞰建筑，不但可以看到一般二点透视的效果：建筑物的垂直各面外，还可以看到建筑的顶部，有人称另一立面。如视点不太高，图纸又很大，可以看到远处地平线和天空。严格地说鸟瞰图中应有三个消失点，建筑物上下垂直地面方向也应有透视感。但是一般情况不考虑这种透视感，以简化表现图。一般二点透视，以矩形平面的建筑为例，表现图上只显示建筑物的二个立面。以其中的一个立面为主，另一立面在表现图上处于次要地位。还有地面和天空，作为背景。在鸟瞰图上则多一个面，即屋顶、平台和地面都处于另一立面的地位。这样二点透视图仅二个面，在鸟瞰图上则出现三个面同时显现出来的情况。在渲染时，尽量将三个面表现清楚，是鸟瞰图与一般二消点透视图的区别（作品图页 5-3）。

（一）渲染鸟瞰图的特点：(1) 要尽量把建筑物的三个面分清。充分利用明暗关系、色彩对比。(2) 要尽量把建筑群中的建筑物距离拉开，可利用相互间的阴影，可利用建筑物的远近明暗差别，可利用地面绿化、树丛插入建筑物之间隔开建筑。(3) 尽量把建筑或建筑群和地面、水面、绿化、山峦、远处建筑群分开。可利用建筑物在地面上的影衬托建筑物，可利用地面、水面、海面、绿地、树丛和建筑物的色彩对比突出建筑物。当屋顶与地面都呈现相同色彩、相同受光强度时（如屋顶铺面与地面铺面相同）必须设法将二者明确后分开，以免屋顶与地面混淆而影响透视效果。

（二）鸟瞰图的渲染程序

一般有二种方式：(1) 把焦点所在渲染成为对比强的、相对明亮的部分。即利用渲染退晕，将四周渲染成暗部向焦点所在退晕，使焦点所在呈明显的亮部，再开始渲染或反之。(2) 不顾焦点所在，按照近处明暗对比强、清晰度高、色彩饱和度高的，远处呈冷灰色的总的退晕渲染。远处清晰度低，景物模糊不清，并适当简化（如只有建筑体量而不见门、窗细部）。鸟瞰图的渲染程序是：

1. 明确鸟瞰图中的焦点所在，环绕焦点四周作退晕，以灰色调从焦点中心向四周作退晕渲染，使四周渐暗，衬托明亮的焦点所在。这种渲染可以不考虑均匀的退晕。可从图面两个方面退晕重叠。二个方向退晕为暗—明—暗，作十字交叉退晕中央叠加部分为焦点所在的最亮部分。再渲染焦点上的建筑，细致、明晰、明暗对比强，色彩明快。其周围则渐暗、粗放，远处可略去窗门只表现大体量。树、地面、水面以及人物等都在事先的明暗退晕中呈现不同的退晕变化。

其中建筑群体可按程序渲染，只是从最亮中心向四周，随退晕渐暗建筑及配景都渐呈灰色，形象渐模糊渐浅，对比渐小。

2.按一般远近层次渲染方法分清建筑群中的建筑及景物层次。明确各建筑物的各个面及地面、天空、配景绿化。重要的是要分清屋顶、地面、天空。可以色彩对比、明暗对比来强调对比，强调区别。地面（包括草坪、地坪、树丛）上的阴影，建筑物的阴影可以衬托建筑物自身主体：主体的渲染要注意垂直面上的门、窗、装修等等已变形。从鸟瞰的俯视来看，接近地面宜退晕变浅，明暗对比变弱。

鸟瞰图的配景必须衬托建筑。天空的深浅以能衬托建筑为宜。因天空多在远处才能见到地平线。应注意透视天空远处云层密、扁、浅。一般近处树冠呈覆钵状，树干短，远处成堆。在地面上有阴影。可以画出球形、半球形体量。湖水平如镜，则可以画成十分明亮浅蓝绿色。如有波浪则呈深蓝绿色。海水总是有波涛，应渲染成从远浅蓝近深蓝绿色，一般都很深。以海水衬托建筑物视建筑明暗而定。建筑物色深，海水色可浅。一般说海水不可能平如镜，海水色深，深蓝绿色，因而建筑可用白、红、暖色、浅色。海水表面反光不十分明亮，只有局部可有粼粼细浪出现的亮带。可以看到远处岸边倒影，但不明显。鸟瞰图中一般少有景物在海面上的倒影。沿岸有明显一层层浪花拍击海岸。尤其悬崖形成十分明亮的浪花漩涡，这些都是浅蓝、白色可用水粉后加（作品图页 5-5）。

3. 注意事项：(1) 线稿清晰，远处密集的群体线稿易混乱。如有可能可以将视点提高，以便拉开建筑之间的距离（作品图页 5-1）。尤其面积较大的总体布局中建筑物十分密集时更是如此。事实上，这种鸟瞰图几乎接近总平面布局图。画线稿可以先画方格透视平面图。如地面不平正，高低起伏或有山峦，线稿必须把高度变化事先考虑在内。在平面透视网格上按比例升高地面以符合地面、山峦起伏实际情况，再在起伏地面上画建筑物线稿。如按照国画写意画法则可以考虑只画大概示意的地形起伏，不必十分精确，取其地貌近似即可（作品图页5-2）。但是作为建筑表现图则应先从科学和透视网格画起，调正地形高低，而事后再作写意绘画。(2) 必须分清建筑的屋顶、地面、背景和几个垂直面。利用建筑物本身投在地面上的阴影、山恋、绿化、背景、地面草坪、水面等等以衬托建筑。

二、渲染夜景中的建筑

（一）夜景表现图的用途：夜景表现图不多使用。因为，夜间表现不出建筑真实形象。这种表现图主要表现夜间人工光照对建筑和环境的光效果。作为建筑师在探讨人工光照设施对建筑物产生的光效果时使用。有时也作为特殊表现图。如冬季教堂的萧索、静穆的宗教气氛的冬季夜景或商业大街夜间营业时的人工装饰照明的光影效果。也有表现夜间街道、广场的夜景。

（二）夜景表现图的特点：夜景的特点是在深暗的灰冷色调子中可以见到的建筑往往也是冷灰色。夜间无光，建筑有亮丽的色彩也不可能看到。夜景中表现不太多的是自然照明产生的光照效果，如月光。月光呈冷灰色，而人工照明则是各种色彩交织。如街景，从各商店、房屋中透出的光影令人眼花缭乱。霓虹灯光的眩光多，而街道照明灯光弱。实际上是一条橱窗或大商店、建筑物内射出的光组合的街景。总之，夜景主要描绘灯光的效果。在有月光照射或夜幕刚刚降临时，地面尚存有太阳余辉的反射，建筑物呈朦胧状态，而华灯初上却十分耀眼。这种建筑和周围树木呈深色，比天空要暗。深夜无月光时，则建筑本身的人工光源照射建筑物比天空亮。这时的夜景中建筑在人工光照下，往往显示光的照耀和建筑物受光照的形象（作品图页6-2）。

（三）渲染夜景中的建筑的程序

1.水彩渲染先将天空渲染成有退晕的暗灰色。建筑物与天空明暗则根据是否深夜、有无月、是否为市中心闹区而定。一般天空从天顶到地面仍有退晕。

2.在水彩渲染时应留有光照效果，即室内灯光向室外照射外墙、门窗框等等紫灰色，只有门窗框边缘处有强烈高光。门窗框外墙处也应留高光。路灯、霓虹灯光晕效果应事先留出。

3.画室内人影时宜表现人影憧憧，室内人影浅，靠近窗处人影深，人影面光一侧边缘有高光应及时留出。由于光照条件特殊，可事先考虑好并用铅笔将高光画出，渲染时及时留出即可。用水粉画则可以后加高光（作品图页6-3、6-4）。

4.室外的橱窗内陈列品应是十分清晰。站在橱窗前的行人面对橱窗的强光，迎面灯光，应有高光，必须事先用铅笔打线稿时即画出高光部位。如用水粉渲染，这些高光可后加。从室内射出的极亮的光照在人的身体留下长长的阴影投在人行道上，应事先用线稿留出。人行道上布满人影，马路表面则倒影十分强，灯光、暗影投在人行道上无倒影或较少倒影。汽车、行人都要从最近的光源处得到极亮的照射产生高光、影子和倒影。马路地面还有地上各种光源的倒影，对比十分强。应注意所有阴影方向与光源一致。

5.草地应是灰色，暗绿色也不多见，即使受光也反射出亮白色，水池倒影则十分明显，微波中反应极强。

6.发光光源本身是黑夜暗中十分明确的极亮体。边缘清晰，而其光辉所及是一种逐渐暗下来的光晕。眩光并不使发光体边缘模糊，而是环绕发光体周围逐渐暗下去的一圈眩光。眩光也产生于门、窗、橱窗等所有光照出现高光之处，并非一条光带，而是光带周侧有眩光，这些光带强弱视光源而定。窗、门内光线照到窗外已弱，产生的光晕也较弱，而霓虹灯、路灯则较强。光源强照射产生高光和一些眩光有四射光芒。十字形或呈多方向散射的高光点，这也是一种夸张的效果的画法。

三、室内设计表现图

室内设计表现有三种：(1) 立面表现图（作品图页7-3)，即室内的某一墙面的立面及其附近家具设施的表现图。这种表现图只能表现一个墙面的立面及其附近的家具和设施。有时可以把室内几个墙面展开连在一起，但是即使如此也难以见室内全貌。(2) 室内透视图，可以是一点透视，或两点透视。这是表现室内局部或主要部分空间处理的表现图，但也看不见室内全貌。(3) 轴测图，即利用轴测表现室内空间布局的全貌，是一种没有透视感觉的俯视图。这种将轴测图渲染后的表现图可以看到室内全貌，但却不真实。室内设计表现图也和其他的表现图一样，在一幅表现图中不可能完整地表现建筑空间的全貌，即使在一幅轴测图中也不可能表现出建筑空间全貌（图0-3 b）。

（一）室内设计表现图的特点

1.光源是十分重要的问题。和室外光照条件不同的是室内光源如是天然光源，光线来自门、窗，可能有一侧开窗、二侧开窗、多侧开窗、顶部开窗。如室内有人工光源，又是多光源，有主要光源和次要光源。如光源来源、数量、光照强度不同、光源性质不同、产生的效果也不同。因此室内人工照明的表现图更为复杂，只有在建成使用的建筑物中用摄影办法才可能得到真实准确的效果，表现图应该尽量接近真实。

2.室内设计的表现图主要表现室内的空间布局和气氛。如居室、卧室、大厅、餐厅等性格。室内装修、设施、家具布局以及经光源照射产生的环境气氛。室内设计表现图还要表现装修、装饰及家具的形象、色泽、质感。如墙面的护墙板、天花，地面的色彩纹样，地毯的色彩质感，沙发、桌面乃至吊灯灯具、古玩、摆设等等的色彩、质感无一不是描绘的对象。

（二）室内设计表现图渲染技法

1.首先应了解光源和光照产生的明暗阴影变化。在线稿内应明确几个不同光源的投影情况。如有多光源宜找出一个主要光源。如窗外日光照入，则有一侧窗日光照射进室内，另一侧则为天光，而非直射的日光。一侧窗日光进入强光，另侧则必然是较弱的日光或天光。阴影的明暗对比也根据光源的强弱远近而定。有时同一处可能有几种明暗不同的阴影重叠，这时建筑表面材料的色彩会因阴影的叠加而变化。局部光源强度不大，但对局部而言则成为主要光源，如餐厅的雅座内壁灯或居室内的台灯、床头灯都可能在局部产生较强的效果。这时灯光主要照在桌上和床头。也有一些照到全室，但又不足影响全室，如顶棚上吊灯，主要是装饰，但也有光照影响。水粉渲染时可后加灯光的效果或灯光的眩光，且事后可以修补。水彩渲染则必先明确光源、光照效果、阴影或几种来源不同的光照造成的阴影后再动手渲染。这点用水彩渲染难以预料，必须事先分析明确阴影中几个明暗不同的部分，然后逐一单独渲染。

渲染程序：先渲染各部分底色。明确明暗退晕和阴影后可以按各部分的色彩质感加工描绘。注意阴影对质感、色彩的影响，留意高光及高光洁度材料的高光部分。最后加强局部效果，包括明暗变化色彩质感效果。水彩渲染可以多层次叠加逐步加深描绘（作品图页 7-9）。

2.水粉渲染也可以先画深色，再加受光照亮处。窗外光线照入的亮处和几处的亮部都根据各自的暗部的色彩、质地覆盖各自浅色。各面的高光、倒影亮部都可后加白粉或浅粉色。如窗前的纱、帘可用白粉渲染后再加花纹，水彩渲染则渲染窗纱的暗部，浅色表示纱的折叠部分，留出的白底为纱、帘的亮部分。地面、墙面及家具设施可一一细致描绘。比较困难的是阴影重叠处，必须先分析明暗，单一阴影、重叠阴影分别渲染，不能叠加，最后加最亮处。如地面上的反光倒影十分复杂，用水粉渲染必须一一分析明确后再画。为了不致混淆，可将地面各种色彩分块，纹样上的各种阴影分开作几次渲染，可先画阴影，再画倒影，最后画明亮的反光和高光。灯光的描绘可放在最后。用白粉或浅色先画出灯光的眩光，浅浅的罩在已画好的面或桌面或空间（如吊灯），干透后再加发光体的亮部。这种画法是水彩不易画出的。又如光洁度很高的家具或设施可以用白粉加工，也可以加一些光芒四射的光点。用水粉渲染室内墙面或家具、设施的细部纹样，如木纹、古典纹样也还是胜任有余（作品图页 7-5）。

3.水彩、水粉结合：渲染室内设计效果最佳可以发挥两种颜料的优点。如窗纱可以既把白纱亮处空出，又可以用水粉加工最亮处。可以用水彩画家具面层和地毯面层获得真实质感，又可用水粉帮助水彩表现高洁净度的高光。如玻璃的反光、钢制家具的高光。陶瓷瓶、吊灯都可以用水彩画，用水粉加工其高光和眩光。

（三）室内立面的表现主要用于墙面设计，可以不考虑阴影，或用平涂方法渲染，表示不包含光影因素。也可以考虑用画建筑立面的渲染方法，由左上侧45°光线照射产生阴影。这种渲染主要表现墙面材料色彩质感和墙面的构图。有时也作为舞台台口设计表现图。

（四）轴测图的渲染可以不作退晕，因轴测图并非接近真实的表现图。可以平涂，也可加浅的阴影。这种图可以平面为基础。迅速画出，虽不太真实，但立体感很强，可看到室内的表现图。一部分墙体可略去，家具沿着平面上墙体布置。这种轴测图有时甚至可以把住宅内的一户几间房间的室内设施都表现在一幅图上。这种图事实上已不仅是表现图，而且是一种图解式的几何投影图，主要表现室内空间布局，室内家具设施的关系而不着重表现建筑材料、设施和家具色泽、质感和室内气氛，也不能表现室内灯光和自然光照产生的效果(图 0-3 b)。

第七章 作品图页

本书中除插图外,还选录了一些表现图作品并附适当说明供读者学习、参考。

这些表现图作品有五部分:

第一部分是大学教师学生的作业,其中有徐中先生亲自执笔为学生示范之作,也有几幅教师为学生所画示范图。天津大学自刘福泰、徐中先生创办以来,十分重视建筑表现图渲染技法训练,教师为学生绘制示范图很多,其中有不少功力独特的优秀作品。可惜在“文革”期间被毁、散失。我私自收存几张洗清污垢,保存至今,也附在书中供读者学习。

第二部分是在撰写过程中几位建筑学教授、建筑师等名家所赠佳作。

第三部分是“文革”后我和一些教师所绘教学示范图和工程方案图及少量学生作品。

第四部分是我在1994年中风后撰写本书前后所绘,由于半瘫左部难以恢复,眼已昏花,质量大不如前,聊以塞责而已。

第五部分介绍了几方面的资料,主要介绍《彩色建筑画和建筑渲染》(Color in Sketching and Rendering)一书中刊登的作品。这本书是阿瑟·L·戈普铁尔 (Arthur L.Guptill) 所著。作者在书中系统地阐述了彩色渲染表现图的理论和技法,并附有近二百幅高质量的各种彩色画和表现图。作者还撰写了几本关于建筑表现图专著,其中有《铅笔建筑画和建筑渲染》(Sketching and Rendering in Pencil) 和《钢笔绘画》(Drawing with Pen and Ink),内容十分丰富。此外还介绍了几张其他专著上的图片,供读者参考。此外东南大学资料室提供珍本藏书《中古文艺复兴建筑局部》(Fragment D'Architecture Antique) 及《巴黎艺术学院建筑设计竞赛获奖作品年鉴》(Concours D'Architecture L'Annee Scolaire 1932~1933) 中的图页资料。

作品图页按照渲染技法的种类以及表现图的种类分为8类:

一、水墨渲染表现图;二、水彩渲染表现图;三、水粉渲染表现图;四、水彩与水粉结合渲染表现图;五、鸟瞰表现图;六、夜景表现图;七、室内设计表现图;八、特殊渲染技法表现图。

一、水墨渲染表现图

作品图页 1-1
水墨渲染表现多面体的受光效果
孙钟阳遗作
这是东南大学建筑系孙钟阳教授的遗作。孙钟阳教授生前为学生所画多面体受光照后的情形,以示水墨渲染来表现光照效果,明暗层次分明。这一示范图有利于学生理解并分析空间体型的光影明暗关系,有利于学生严谨从事渲染基础训练。

作品图页 1-2 a、b

西洋古典柱式科林斯柱式局部

高钤明绘 1963年

这是原天津大学教师现太原工业大学高钤明教授在1964年所画。科林斯柱式是西洋古典五柱式中最为复杂的一种柱式。图中所示:柱式全部，从上至下，檐口、柱头、柱身及檐部仰视、柱式剖面几部分组成。线稿十分精致，渲染也很认真。细部纹样、线脚是徒手所绘，充分使用了分格叠加的退晕方法。从中可以看到退晕细致、柔和。描绘光照效果和檐内阴影内的反光效果都做得恰到好处。这是一张培养教师和学生分析光照效果、培养水墨渲染技法的示范图。

作品图页 1-3
罗马古建筑局部
EDGARL WILLIAMS绘
这是一幅用水墨渲染的古罗马建筑柱头、部分柱身柱础。上为盖盘及檐部细部。这种渲染图多用于研究古代建筑而作的复原图。

作品图页 1-4
西洋古典建筑形式纪念堂竞赛方案
THE OFFICE OF JOHN RUSSEELL POPE建筑师事务所绘
这是一幅典型的西洋古典建筑形式的纪念堂设计竞赛方案。建筑主体为石料。用水墨渲染表现石料、铜门、门两侧铜香炉及周围环境（草地、树木、水池)。建筑本身正立面图与地面、水池透视图二者的结合。正立面是一种工程图，现实中并不存在，这种结合的表现图比单纯的正立面图显得自然真实。这是一幅典型的水墨渲染图。
渲染程序
1. 渲染底色。应该有微弱退晕作为各部分高光的底色。
2. 渲染天空。从接近地面处开始用清水，从浅到深即从明到暗渲染至天顶退晕。
渲染到一定程度之后，即开始渲染建筑本身及远树和地面的退晕。
3. 渲染建筑。分层次、分明暗面。注意踏步逐步加深，每一级都留高光。
4. 绘建筑中央铜门、门两侧香炉。用深墨色表现古铜质感。
5. 绘地面阴影、草地。用深色表现绿色草地。画水池倒影。
6. 画建筑物后面、两侧远树。再渲染天空，将远树与天空溶合。画近树及水池第三遍加深倒影的波浪阴影。画地面、草地阴影。
7. 调整整个画面。绘人物及投影。

a

b

作品图页 1-5 a、b、c、d
西洋古典建筑局部渲染图
a. 罗马 MARS VENGEUR 神庙柱头
b. 罗马 SOLEIL 神庙檐口、山花局部
c. 罗马万神庙局部、剖面及内部
d. 罗马一剧场
选自 FRAGMENTS D'ARCHITECTURE ANTIQUE FRAGMENTS D'ARCHITECTURE DU MOYEN AGE ET DE LA RENAISSANCE.(VOLUME II)
这些图都是测绘古建筑并经整理绘制的复原渲染图。工作量大，渲染精细准确，耗尽一代建筑师之精力，为后人留下这些极其珍贵的资料。

c

d

a

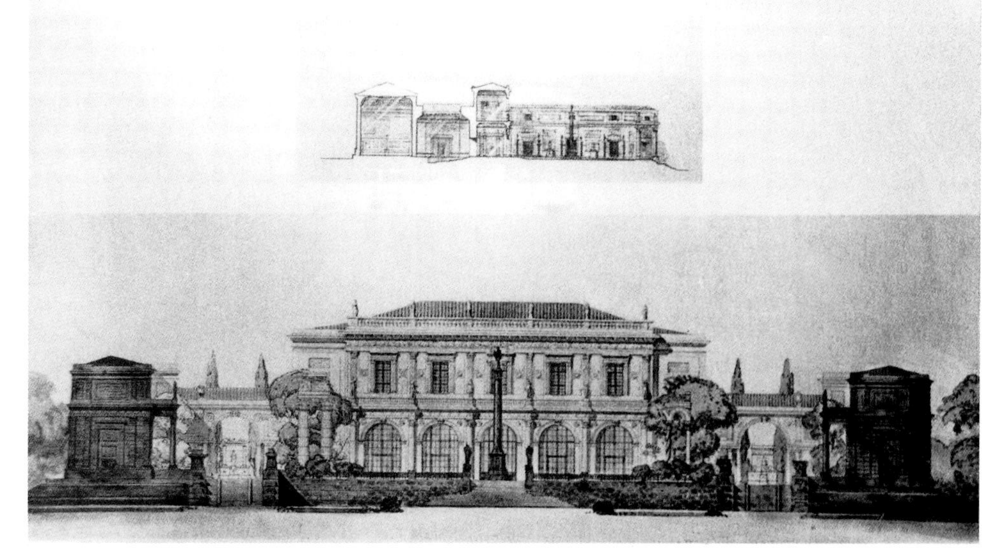

b

作品图页 1-6 a、b

巴黎艺术学院建筑设计竞赛获奖作品（二幅）

巴黎艺术学院建筑设计竞赛每年都举行，评图授奖，并出版获奖作品年鉴。

作品图页 1-7

天津大学学生作业　中国清式建筑局部构图　黄秀玲绘 1953 年

此作业由原天津大学教师现金陵职业大学郑谦教授指导。

这是一幅用水墨渲染的中国古代建筑的构图作品，是当时建筑初步作业。从图面上可以看到用水墨渲染表现色彩丰富的中国建筑是多么困难。朱红柱子和隔扇只能用深墨色表示。琉璃走兽也只能用深墨色表示。很难使人看出深墨色表现的是红色、蓝色、紫色，还是绿色、黑色。中国古代建筑一大特征即是色彩丰富，但用水墨渲染很难表现。

二、水彩渲染表现图

作品图页 2-1

雪中山居 王芳绘 1985年 贺振东教授指导

这是一幅单色渲染，以普蓝单一色表现明暗。建筑及山中雪景用这种冷色渲染情景逼真。雪景不用水粉，空出画纸白色即是白雪。用浅蓝色画出雪的体量。山居小屋用深蓝色没有明显、强烈的光照阴影。天空从下至上从浅至深色。小屋后有树林衬托。以湿画法画树木。和天空结合模糊深远，表现出阴沉的天气。屋前河水结冰不久未被雪覆盖，雪花落在河面与水溶合形成表面浮雪。如结冰已久，积雪应该很厚。未结冰，河中应有波纹和倒影。以上种种充分表现了阴晦天气。

作品图页 2-2

希腊 JUPITER 神殿遗迹

H.RAYMOND BISHOP 绘

这幅表现图是利用群青的沉淀色表现石料建筑。整幅表现图全都是沉淀颗粒。用沉淀色的沉淀特性表现石料。画面中大面积均匀沉淀十分困难，尤其天空是用大面积的“洗”的方法。天空平涂无退晕，即可能是这样大面积沉淀退晕比较困难的缘故。残迹很简单，全部石柱梁，线稿清晰表现出圆柱体量。仅有的人物用红、黄色十分突出、生动。这是色稿一大成功之处。

a

b

作品图页 2-3 a、b

天津水上公园大门（调和色表现图）作者绘 1978年

这两幅渲染图一是调和色表现图，一是以一暖色为主、冷色作局部陪衬的表现图。调和色表现图全部使用冷色绿色、蓝色为基调。仅有极少量暖色，图面色彩十分协调，但又不同于单一色表现图。以暖色调为主，仅右侧墙为冷色(绿灰色)，由于暖色调占绝对优势，图面仍然保持协调。单一色显然是表现能力低，调和色有时也难于表现全面真实，而多彩色以某一色调为主表现力比较强是显而易见的。这二幅是供学生学习认识不同的色彩组合调和色渲染效果。石墙是借用沉淀色表现。注意石墙的画法、阴影内外的表现方法。

作品图页 2-4

毛主席纪念堂（局部） 作者绘 1977年

这幅表现图是用作学生学习用三种原色（大红、柠檬黄、普蓝）渲染基本训练的作业示范图。学习表现建筑层次、体量和色彩质感。从檐口到台基有琉璃、贴面砖、花岗石、陶板和汉白玉。色彩丰富，纹样细致。表现了纪念堂柱廊、墙面檐部、基座在日光照射下的体形和质感。说明用三原色即可充分表现建筑复杂的色彩和质感。学生可以在熟悉三原色组合后认识到颜色的组合规律，而后再扩大到多种颜色的组合、渲染训练。

渲染程序：

1.渲染天空 从下往上，浅至深。开始用清水逐渐加普蓝，至天顶再加红。如此反复，后在接近地面处加红、黄，再从浅蓝到深蓝。天空的深度不宜过深即可暂停。柱子中间天空单独渲染，宜浅，多次反复渲染以与总的天空相同即可暂停。

2.渲染建筑本身 先涂底色，各种材料涂各种底色，底色宜浅，但不能空出白纸底色。因为亮面也有色，而非白纸色。后分面、分层次。由于柱廊距墙面不远，明暗变化不大。但建筑材料不同，墙面略冷、暗。分面时，注意柱子在阴影中部分明暗面与在日光照射下明暗相反。石料色彩浅亮，明暗分面不宜变化过大。柱子在阴影内部分的明暗变化应在渲染阴影后重新叠加。注意整体退晕，从上至下，从暗到明，变化显著，但变化不宜过大。

3.画琉璃檐口 先画底色从左至右从明到暗，从浅黄到深黄。由于琉璃每块都有相同的高光和相同的退晕，因此，可按水平方向分层画，留有同样高光、退晕。后再画垂直琉璃分块高光，再加细部垂直、水平阴影和留垂直高光。如果逐块渲染效果更好，但过于繁重。

4.画上下檐口阴影 从暖到冷，从明至暗，务使影子边缘明确。再画影内纹样、反高光和反阴影。上层纹样是石刻，影外纹样的阴影不宜过分。下层檐阴影内有花板的纹样：影内花板上纹样应用反阴影、反高光。影外花板上纹样阴影明暗也不宜过分。柱头在影内部分明暗分面与影外部分明暗相反，退晕也相反。注意柱子的分面，柱头在影内部分左暗、中次之、右明。与之相反影外柱头、柱身则左明、中次之、右暗。柱头的暗面从右阴影处往下，逐渐退晕到柱脚渐浅暖。表现地面有反光。

5.廊内墙面 影从柱头后墙面开始，浅暖下至柱廊上部墙面影子边缘处深冷。墙体明处也应比柱的明处（非高光面）暗。因此，墙面上从影水平边缘处再向下逐渐浅暖退晕。墙面色深、石质粗。但石缝密实，只有水平、垂直细缝。

6.栏干、基座 栏干是汉白玉的里外二层。本应远近分层，但因整体从上至下退晕至栏干已不能再浅。因此，前后分层明暗和色彩差异很小。左面栏干用后面墙面及柱脚衬托，右面栏干则以绿树衬托。基座从左至右从浅黄、红至紫红退晕。注意：红色石面垂直缝宽，水平缝细，垂直缝应有高光和阴影而水平缝无高光。

7.画远树后调正天空 一般天空在开始阶段，建筑物本身未渲染时显得色深。待画建筑物后又感觉显得过浅，必须再渲染天空，将第一层远树溶于天空之中，再加近树（把人物空出），最后画人物。人物着红色上衣，突出人物使图面平衡。

注意：(1) 在训练学生学习水彩渲染之初期不宜多用颜色，仅西洋红、普蓝、柠檬黄即可。颜色过多反而无所适从。待运用三原色熟练之后，再扩大使用多种颜色。(2) 整个图面色彩左浅右深，左面对比弱右面对比强，为的是使图面取得平衡。右边天空过轻，人物在构图中分量很重，全部放在右侧也是帮助平衡图画。

作品图页 2-5

毛主席纪念堂檐部放大 作者绘 1977 年

这幅与前一幅画相同，檐部放大，可以看到阴影内的情况，如反阴影、反高光、反退晕等表现阴影内的丰富的明暗变化。

作品图页 2-6（右页）

清故宫乾隆花园契赏亭正立面及细部构图 作者绘 1985 年

这幅图是供学生学习渲染基本技法训练的全色水彩渲染分析图。这幅图把契赏亭的细部——柱、楣子、隔扇、台基放大作为景框的分析图。正中契赏亭是攒尖顶三面出抱厦、后面是红墙、右面有廊与一单檐歇山建筑相联。下有山石，院内树木甚多。亭前有石板甬路。这是训练学生掌握多种颜色渲染技法的作业。

渲染程序：

1. 涂底色 按各个部分的不同色彩，分别画一层底色。作为景框的部分底色不加深。

2. 分层次 从景框开始到红墙为止前后共分：（从远至近）五层。建筑本身有四层，即攒尖顶、两侧抱厦、最前正中抱厦，此外内隔扇楣子。建筑物的重点、焦点所在是中央的抱厦。右山石上的单檐歇山建筑则可以用浅、简化的方法放松粗略地画。

3. 渲染天空 浅蓝色，从下至上稍有退晕。其上部景框楣子色深可覆盖天空，可以后画，只须空出宝顶。

4. 画琉璃顶 先画受光、阴影面退晕。后细细刻画屋顶各部，留

出宝顶高光。

(1) 明确受光明暗各部。

(2) 从上至下，从明至暗表现屋顶反宇和起翘。先用黄色。

(3) 画板瓦瓦垄，板瓦瓦垄较暗。筒瓦较明。

(4) 画筒瓦，有高光、有反光。有最暗一线。

(5) 画绿色剪边瓦留高光。在黄琉璃色上加绿色。

(6) 画勾头、滴水，应为深绿色。应比屋面暗。

(7) 画脊瓦对宝顶的投影，筒瓦在当沟上的影，在板瓦上的阴影，勾头在滴水上的影。注意屋顶左翼角筒瓦投在板瓦上影大。右翼角则反之。因右翼角受光照强而左翼角受光照弱。更主要的是右翼角和左翼光照投射角不同。

5. 屋檐下影由暖至冷由浅至深，檩枋上彩画应从略。斗拱间加暗以衬托斗拱，斗拱中线有麻叶云头，应有反影。扁额受后面暗色衬托，有反影。内隔扇分二层。两侧隔扇深，后面隔扇浅。

6. 注意突出正抱厦 次为中央攒尖顶。两侧抱厦应浅、虚。沿假山向右，廊及建筑可以放松粗略，以突出契赏亭。

7. 后红墙应浅 瓦顶明暗对比弱，不作深入细致的描绘。

8. 画景框 （建筑细部）楣子、花牙子隔扇应深绿，注意留高光加阴影。石台基汉白玉阴影浅但清晰。地面衬托台基（被后地面衬托）。

9. 最后画树 墙外远树，近树。墙内有多层树。可先画后面色浅层。再画前面较深层，最后画最近的树石。树上深下浅便与山石相衔接。山石先画后面一层，后画前面一层，宜浅、概括。

10. 地面 先画从远至近的从明至暗退晕，石板路面与草地分别画。再分别加阴影，注意阴影有连续性（注意：建筑是正立面，地面是透视图）。

11. 构图用装饰性松枝 最后画松枝，目的是图面平衡。松针分三层由前至后，层层加深，最后画松枝干。最亮处松针可用浅粉色。

这张图作为初学水彩渲染的总结：

(1) 有各种铅笔线条可供铅笔线练习总结。

(2) 层次多，明暗变化多，色彩变化多，材料质感多，配景复杂。可供建筑渲染多方面的训练。

作品图页 2-7

古亭设计渲染示范图　彭一刚绘

这幅渲染图是作为建筑初步、水彩渲染技法训练的示范图。画法同前一幅作品。用中国古建筑作为水彩渲染作业题材，有利于训练渲染多种色彩、质感的技法。

作品图页 2-8

VANCOUVER 旅馆（局部）

H.C.WILKINSON AND FRANCIS S.SWIALES 建筑师绘

这幅水彩渲染表现图的一角，从图上可以看到水彩渲染的特点是淡雅、线稿清晰、层次分明。许多水彩渲染是使用防水墨水画线稿，这种墨水干后遇水不洇，不脱落。由于线条十分准确，实际上略加渲染即可见建筑的体形。用水彩渲染后虽然明暗、阴影覆盖几层，但透明效果极好，阴影犹如轻纱，如图中檐口内所有建筑物中纹样都十分清楚。浅浅的阴影可以看到反光效果、明暗变化一丝不苟。我国古建筑研究机构中国营造学社几位名家曾把一部分测绘的古建筑，绘成渲染图保存，即是用水彩渲染珍藏至今。这种极为严谨的渲染方法可以和欧洲建筑师作古希腊罗马建筑复原图用单色渲染媲美。看来学习渲染，应从严谨的水墨、水彩渲染开始。

作品图页 2-9

台中南投县皇穹陵地宫建筑群

奚树祥设计并绘

这是一幅表现我国古建筑的水彩渲染图。色彩丰富、含蓄，质感十分准确。建筑的环境林木层次分明。这是一幅十分成功的水彩渲染，说明作者绘画功底深厚。奚树祥教授曾是美国建筑画学会理事，兼国际协调人，并曾七次荣获ASAP奖。现奚树祥教授在台湾从事建筑师业务工作。

作品图页 2-10

唐山市伊斯兰教堂设计方案　作者绘 1985 年

这是一幅快速渲染图。渲染时间约二小时。天空一边画一边改变色彩。以黄红为主，表现夕阳西下伊斯兰教教徒面向西方麦加。教堂建筑圆顶为深蓝绿色屋面材料覆盖，其余部分为乳白色粉刷涂料，正门为褐色铝合金门窗。前有水池，倒影与地面树影、池内树影结合。两侧为白杨树。

1. 天空 从左至右，以暖黄、橙色为主、天顶部用群青，中央部分浅，两侧深冷用一支笔连续着色一遍完成。

2. 渲染建筑物 中央圆顶按顶的曲线均分投影的水平线表示圆曲面覆盖的材料。先加底色，后留左面高光，平涂圆顶即可。向右一边画一边加深，把圆顶明暗部分基本完成略干后再勾一笔圆顶的最暗部分。两侧小顶一遍将高光留出即将圆形画出，略干勾阴影。圆顶用湿画法连续着色。门、窗作简单退晕，上暖下冷一遍即可。后画门窗阴影。

3. 画地面、水池 地面从远至近，从远暖浅至近冷深，一遍，水面退晕一遍，干后画水面倒影，主要画中央的门及小窗处倒影。水池边左暗右亮，虽左受光极弱，由于水面反光池边仍亮。后面地面（草地、铺面地坪）阴影，所有树影应分别画但有连续性。树影从草地到池边，随池升高，影也提高。画到水池应降至水面。到右池边影又提高，再降低至草地。阴影的连续性十分重要。影及水池内倒影应作简化，但也要二遍。第二遍加重。

4.画树丛 左右对称，杨树。第一遍画树叶从左向右偏，表示有风。第二遍在原树叶右侧加深绿，分出层次，二层即可。树干可从上往下也可从下往上。上与树叶衔接处，树干在叶左侧枝向右接树叶，以示有风。建筑物后面树丛不高起衬托建筑的作用。人物穿白色衣服、戴白色布帽是伊斯兰习俗。这幅图是一种快速渲染。

作品图页 2-11

小型百货商店　作者绘 1989 年

这是一幅快速水彩渲染图，渲染技法多为一次完成。色彩清淡，适当用白粉加室内天花上的灯具、楼层及玻璃反光。

1. 天空是一次渲染，一边加水一边加色，一遍完成，不再修补。
2. 画室内及橱窗退晕及色彩变化。随画随干，一边干一边再画，一次完成。
3. 画室外明暗部分及阴影。室外暗部一次直接法退晕。
4. 画配景 这里主要是远处的几幢大楼。简化分面用以衬托主题建筑。配景的建筑本身层次清晰。
5. 画近树。地面画二次，退晕从远至近从浅暖到深冷。用水少，一边画一边干，即加第二遍近处深色。汽车仅留一线高光一遍完成。人物用厚水彩。
6. 用薄水粉覆盖建筑正面受光墙面上。

作品图页 2-12

小住宅透视图　作者绘 1990 年

这是一幅淡水彩渲染图，红砖墙，乱石斜坡、木露台建在丛林内的小住宅。其特点是严谨、工整。配景石、远近树简洁易掌握。

这一住宅侧面亮，正面较暗，侧面砖墙仅以带有红味的亮面示意。正面红砖墙先铺底色，后用直线笔加砖线。留出白窗框，窗玻璃浅灰。墙上影子用直线笔、深红色加一遍，或用毛笔退晕后再用直线笔打线。玻璃窗影浅，窗框深，窗框阴影浅，从右至左从深冷至浅暖色。木露台预留白漆罩面。建筑底暗部受反光影响暖浅色。前坡地石墙及地面石块，先铺底色逐块加色，留高光，勾画阴影，乱石适当描绘出明暗。配景中林木先远后近。

作品图页 2–13（上）

烟台大学北校门正立面　作者绘 1992 年

这幅水彩渲染简洁扼要表现校门的石墙和校内绿化。白色线条在渲染中空白。这是一张学生作业示范图。

这里渲染石墙先作整体退晕，再逐块石块渲染，留高光及阴影，加石缝。阴影内石块深石缝浅。窗玻璃浅，阴影内有退晕，着重描绘窗台金属框，要加重影子边缘部分。

这幅表现图中树分多层次表现校园内的茂密树木。最远一层浅，其前一层略深，中间有高树也分二层，先画浅，后画深。近树一层带有暖色、深暗。围墙栅栏是用最深的墨绿色使用点圆规和直线笔后加在树丛上。

作品图页 2–14（下）

毗邻式仿西班牙式住宅设计方案　作者绘　1990 年

这幅表现图是仿西方风格的毗邻式住宅。渲染细致。红色陶瓦屋顶，浅黄外墙，绿色琉璃装饰，木门窗。色彩协调。这是一张为学生示范作业，学生学习西方各种风格的建筑并习作方案对设计路子有很大帮助，可作为基础学习。

这张渲染图表现墙面呈微弱浅黄。再画红陶瓦屋顶。中央露台部分突出很多。细致深入渲染陶瓦屋顶。绘窗及门洞。窗为玻璃反光表现亮面，门洞处的阴影是先加阴影，后细致刻画门扇。加绿色琉璃装饰，先加底色再用细笔勾出纹样。窗框阴影要深。

作品图页 2–15

天津市精神病院设计方案　董子万绘 1964 年

这幅表现图采用水彩，调和色渲染，仅人物适当用水粉加重。总的图面构图十分精采。图面焦点在大楼的入口处。采用一点透视。焦点在大楼前医院广场尽端。有廊联系。利用远处建筑及树木、石墙平衡图面，图面淡雅含蓄，简洁扼要地表达了建筑的性格。渲染技法采取了概括手法，不拘泥于固有方式。

天空和地面不作退晕，仅在其中作几何形稍深带以示意。这幅表现图中的人物都有动态，从在水池边的人和在大楼右的人员都把目光投向大楼入口处，虽然一边是坐着，一边是走动的，以示比例的人物，却起着聚集焦点的作用。这幅建筑设计方案平平淡淡，建筑物也是相当平淡，极为现实的普通标准的医院，但表现图却以平铺直叙的技法描绘了建筑性格和气氛。

作品图页 2-16

多层与低层住宅设计方案 尹杰卿绘 1963年

这幅表现图是表现生活区内多层与低层住宅结合布局的方案。住宅是用天津当时特产过火砖作为外墙面层。砖呈褐色，光泽不均匀。由于砖墙色彩灰暗，处理天空成浅灰色。前排住宅的背面和后排住宅的侧面成为主要表现对象。以此表现住宅群的密集特点。表现是成功的。

住宅，左面三层住宅背面是粉刷晒台，右排四层住宅只表现一侧面。正面墙面全部略去。阳光照射二面受光，右排住宅正面仅留一亮面及一列阳台。侧面稍暗。最暗部应是左排住宅背面，但是粉刷墙面并不太暗。住宅墙面用水平线表示砖墙，右面住宅虽然把砖块线稿画出，但不逐块渲染，因尺度太小。左面住宅墙仅用水平线示意而已。砖墙的画法依尺度大小而定，效果相同，也适当加重几块以示色泽并不均匀。右排多层住宅正面略去砖缝，仅直接用狭亮面表示。阳台底面受反光影响，表现暖色，逐层退晕变浅。窗玻璃以反光为主，墙体很暗，窗玻璃如也用深色不易区分，但在影中的窗框部分加深，表示框的材料与玻璃不同，也表示阴影的存在。

配景中有石块矮墙，用赭石、群青画出石块体量。远树十分简单，示意而已。近处高大松树，用浅色画树干、枝，画三层松针，远处松针浅，近处松针深。这种画法借助图画技法。树本身在图面上作为配景平衡图面。

人物表现住宅区气氛，有动态，引导视线投向三四层二座楼中间焦点所在。

作品图页 2-17

西向多层住宅设计方案　陈璜绘

龚正洪指导方案设计 1964 年

这是一幅典型水彩渲染表现图，特点是表现面西住宅受西晒强烈光照的效果。充分表现出方案的特点。这是为原工业建筑设计院所画。

砖墙底色浅退晕后每块砖都渲染一遍，留出高光，用铅笔加砖灰缝影。阴影内砖块留反高光、反影。逐块渲染并注意到整体的退晕。门罩阴影内有砖的反影。

远处住宅砖色灰浅，砖墙只用水平砖墙线示意，不再细致描绘。

近树在天空垂下树枝及叶右下角有近处小树丛。地面有树影。人物适合住宅气氛，生活气息浓厚。

作品图页 2–18

北京地区住宅设计方案　刘策绘
龚正洪指导方案设计 1964年
这是一幅典型水彩渲染表现图，特点在表现面南住宅有小凹入天井供采光。有钢筋混凝土梁通过外墙及天井。右侧为南向住宅生活阳台。远处建筑用墙线表示砖墙。近处砖墙则逐块砖都渲染，留高光及阴影。砖墙上阴影部分有反高光、反影。整体退晕一律从上至下，从冷深至暖浅。阳台底面有暖色反光。阳台栏干用浅粉直线笔后加。这张图表现了砖墙的两种画法。
树枝从上挂下，说明是近处有大树，枝叶作为近景。

作品图页 2-19

某市体育馆设计方案　作者绘 1988年

这是一幅水彩渲染的大型公共建筑表现图。渲染时，并不求助于水粉。渲染图清淡含蓄。无更多的配景。

这幅渲染图天空是二遍渲染完成，第一遍用简单明暗退晕，一边加颜色一边画，有时干得很快处又加上新的颜色，形成薄薄的云层。总的退晕是左冷暗右渐暖。

建筑正面垂直长窗线条要较深粗。用细笔渲染窗从左至右，用笔渲染必然产生不均匀，因毛笔开始颜色多，逐渐颜色浅水分干，再用笔开始颜料接着又深，逐渐又浅，形成类似光影在玻璃上变化效果，适当补缀一下即可。

屋檐贴黄色贴面砖可逐块画，往右渐浅配合窗的阴影，适当加深几块。墙上影子浅，因墙本色浅，窗上影深，用深色玻璃。入口处平台下有柱廊，有地面反光，色暖浅。大台阶用线稿表示即可，不必渲染每级踏步，只绘一上下退晕。

这幅渲染图关键在细心描绘30条垂直长窗，如不用水彩填补画窗则必须借助于水粉。而用水彩填补长窗将窗间长条留出来是水彩渲染技法功力的一大特点，水彩渲染长窗可以自然表现光影效果。

作品图页 2-20

某市轻工业产品陈列馆设计方案

王芳绘 1990年

这幅表现图是水彩渲染，极亮部分是渲染时留的空白。这种方法是表现极亮面的一个好方法。当然在亮面不大，主要表现次亮面。这幅渲染图比较简洁，一般都是渲染一遍。受光情况是正面暗，侧面亮。

a

b

作品图页 2-21 a

斯德哥尔摩市政厅塔楼　CECIL C.BRIGGS 绘

这是一幅水彩渲染的表现图。描绘一市政厅塔楼，是一座滨海建筑。图中十分突出的是天空云的图案，结合近处船帆构成的景框，生动而有趣。塔楼金顶材料质感十分准确地表现出来。局部的石料显得粗放有力。说明水彩渲染具有相当强的表现能力。

这幅水彩渲染从整体构图到局部刻画并不粗放。塔楼与主体之间的高光线十分清晰，层次分明，最前面的石栏最暗的面突出以衬托整座建筑。塔楼金顶及墙面是焦点所在，在其前后都是暗面，最前面石栏最暗。局部详图可见水彩渲染的细微之处，如高光和墙面、石墙的描绘。

作品图页 2-21 b

斯德哥尔摩市政厅塔楼正立面局部放大

作品图页 2-22

高层办公大楼方案　作者绘 1996年

这幅水彩渲染高层办公大楼，包括配景如行人、汽车全部水彩渲染。建筑物是圆筒形用拉杆斜拉着。整座楼有高光。深天空、浅建筑、亮玻璃窗。不用强烈明暗对比表现体量。水彩渲染的含蓄柔和但仍能把建筑及周围环境表现清楚。所有亮光都是事先留出，顶部伸向天空的尖是徒手用白粉后加。光照阴影效果都是用水彩的叠加法表现。最后用厚重水彩画出行人汽车。对面建筑投在街道上很大的阴影起着二个作用：(1) 说明街道宽狭；(2) 衬托主题建筑物。此方案为贝聿铭建筑事务所设计。

作品图页 2-23

仿英国式小邮局方案　作者绘　1985 年

这是一张正立面渲染图，作为学生示范用图。表现有英国式风格的小建筑。红砖墙、块石勒脚和烟囱、青石板瓦顶，铁花门，上有圆形石拱雨罩入口。这幅图十分细致地、淡雅地表现城市一角的一座小邮局。用一些配景及小设施如邮筒以表现邮局性格。背景为一些高楼，如实描绘出城市的气氛。

渲染程序：

1. 渲染天空
2. 画底色
3. 砖墙画法 先绘铅笔线稿大约 6 cm 一皮，再用细毛笔徒手按每皮砖从左到右画，每一皮砖都画一遍，画时必须留出每皮砖的高光。也可用直线笔画砖。作为训练，仍以毛笔为好。由于毛笔内含水彩开始彩色浓，最后彩色浅，再加颜料，即可表现出微差，稍加修饰即可作为砖墙上的光、影效果。再按光影的形状稍微调整即可十分生动。最后用铅笔稍加重光影内砖缝。用细毛笔徒手画砖而留下极细高光，必须认真。
4. 门罩内铁门 先画门罩内的阴影，上暖浅下至影边缘冷深。铁门内即是邮局室内，宜从上暖浅至下冷深。门罩在铁门上的阴影可先画一遍，再画铁门花格，干后再加铁门花格铁杆的右下侧极细阴影以示体量，留出花格构件的高光，最后加重门罩在铁门花格上的影子。最后画门罩投在砖墙上的阴影和屋顶、檐口在墙上的投影。
5. 石墙 在石墙底色上加石块色，留出高光、勾石缝，石墙上的铁栅栏可先加一遍后画树丛时将栅栏空出。或画树丛后用浅水粉画栅栏。也可以画浅树丛或暖色浅树丛，再用冷深色用细毛笔一条一条地描绘栅栏。
6. 屋顶 板瓦分块按屋顶曲面分块再投影在屋顶上，按大约实际尺寸分块。先退晕从上至下从浅至深，适当加光、影效果，最后按挑石块一样挑几块石板瓦。画烟囱投在屋顶上的阴影。屋顶上的烟囱石块应有微差变化，但不太大。并有影投在屋顶上。
7. 画城市环境 作一点透视画邮局后面的高大建筑物，表现城市环境。注意光照效果和层次。这里由于远处建筑浅，不能衬托建筑宜在建筑后稍加近树作为陪衬。
8. 人物及其他 邮局门前踏步从上至下从远到近，踏步逐一渲染并留高光。两侧路灯应有影投在墙上。门前一男子牵一小童，应有影投在墙及石墙上。邮筒作为邮局必备，在构图中也起平衡作用。

作品图页 2-24

半木构架英国式住宅、商店 作者绘 1996年

半木构架建筑是欧洲普遍存在传统建筑形式。木构架中间填砖抹白灰。临街为小商店，石块铺路。用水彩渲染建筑及街道环境。用白粉填在木构架中。底层外墙为木板，下为石料砌筑。这幅表现图基本是水彩渲染，如能把白墙和窗框留白则更好。

图中渲染建筑，如用水粉则可以不考虑墙面。先画木构架、屋顶等较深的部分。窗可用深群青、赭石填入。后用白粉填入。这幅渲染图也可以只用水彩渲染橱窗，只表现玻璃受阳光照射而不描绘橱窗内的情况。

街道是用卵石铺设。先渲染对面建筑投下的阴影，然后按阴影内和阳光下卵石地面分别渲染。这里借助粉画颜料，提出卵石的亮面。

作品图页 2-25（右页）

东纽约储蓄银行PHILIP.E.BEARSE绘

这是古典主义的银行外观，这幅表现图的天空和地面是用喷笔画，喷笔使用于渲染有很久的历史。现在的喷笔并未多大变化。

这幅渲染图的建筑墙面是石料，从上至下有退晕，焦点所在是高高的拱门洞，内有玻璃，铜门嵌玻璃，并有铜吊灯。拱门内的阴影呈现暖色退晕为深冷色。玻璃则用浅色表现其反光。侧面则比较简略。尤其城市人行道树画得十分真实。好在树在建筑物两侧，否则会影响表现正立面。地面有树影，说明道路并不太宽。这张图十分真实生动，人物都表现出动态。

作品图页 2-26（左页）

西洋古典形式银行（第一国家银行）PHILIP.E.BEARSE 绘

这一幅水彩渲染图表现古典形式银行，用淡雅的渲染表现石料面材，线稿清晰。檐口下两侧面有阴影，是二面受光，正面略暗。檐口下阴影有退晕，影暗，檐口底面色暖。上层窗有窗帘，上有窗框影，室内冷暗色，下圆拱窗门，窗内有窗帘，色彩是用笔从上至下有退晕填入窗框内，表现室内天花反光效果。窗帘口有窗框影。门头为古典形式石门框罩，内为褐色大门。天空地面为喷笔渲染，天空白云可能是用笔吸干或用遮片遮出或用橡皮擦出。两侧配景树用水彩画法。人物有动态，比较真实而细致。从人体投在地面上的影子上，可以看出光照方向。

作品图页 2-27

山西省浑源悬空寺　冯建逵绘

这是一幅以线稿为主，并借用国画技法画配景的渲染图。这是一幅立面图，各层建筑物都是立面，无透视。即使石阶很长但无透视感。

建筑物用淡彩，山峦用线描无体量。这是冯建逵教授的画风。他在承德古建筑的鸟瞰图中把这一画风发挥得淋漓尽致。

作品图页 2-28

北京天坛祈年殿　黄兰谷遗作

这幅水彩渲染图是黄兰谷教授遗作，是一张精彩的水彩渲染表现图。这幅图的特点是使用水彩渲染出这一种厚实、含蓄的建筑表现图。对建筑的色彩、质感描绘十分生动、逼真。他在长期的工程设计工作中仍然保持这种高水平的表现技巧，是由于他具有深厚的基础，并且从不放松，十分注重绘画技艺的提高。这是他留下的最杰出的作品之一。

这幅渲染图的天空用沉淀的灰暗调子而不是晴朗天空衬托建筑。建筑物的三重琉璃顶和金光闪闪的宝顶以及彩画的贴金表现出金色质感。檐下的斗拱十分细致又概括，栏干台基汉白玉石料质感用浅冷灰色调处理阴影。虽然踏步多，但并不单调，色彩变化丰富。

下侧有松枝修饰图面，使图面构图更为生动。虽然天坛柏树很多，天坛院墙内并无树木。这是一种即兴之作，借用天坛内大量松柏取其一支辅助构图

作品图页 2-29

圣地亚哥展览馆

BIRCH BURDETTE LONG 绘

这是一幅水彩渲染图，表现的主题在山谷拱桥的对面，山谷和桥占据图面2/3。展览建筑群只有很小一部分。整个图面阳光较强，山谷中有较大阴影罩在河水及对岸山坡。与之对比是明亮的桥和洁白的博览馆建筑群。天空退晕明显，蓝天与白墙、浅黄石桥的阴影等对比，显示出强烈阳光。远处山谷中的树影和近处山坡上的树丛十分生动，树顶部有暖色，下部则沉浸在暗蓝灰色阴影内。远近层次分得十分清楚。这幅表现图说明采用水彩渲染表现强烈明暗对比完全是可以的。这幅表现图的人物几乎看不清。

作品图页 2-30

纽约市法院大厦　　J.FLOYD YEWELL 绘

这幅水彩渲染表现图，主要描绘了纽约市法院大厦侧面下部，图中表现石料建筑，十分有力。狭窄的马路，对面有高大建筑，虽没有在图中画出，但从街道上阴影和建筑上退晕上部暖浅下部冷暗即说明街道的情景。透视中可以看到远处建筑的亮部也显示了这一情景。建筑入口有金属大门，两侧有金属灯，质感很强。这张图说明水彩的表现能力也很强，既可以表现体量，又能作深入细致描绘。表现图中的行人在街道上行走，都表现了动态。

作品图页 2-31

庞贝遗迹　作者绘 1996 年

用水彩渲染表现庞贝遗址，主要是描绘石柱、墙面及地面。光线从室外照入，地面大理石有浅阴影，虽然已无屋，但仍然表现逆光景象。从室内暗处向外看庭园中的断垣残壁和草丛。用水彩描绘石构建筑可以获更为含蓄生动的效果。

作品图页 2-32

朗香教堂　作者绘 1997 年

用水彩表现光洁的墙面可以赋予十分丰富的色彩。朗香教堂的神秘感即在于十分简洁的体型组合，全部依靠阴影表现，没有装饰材料和色彩质感的对比。这是一座十分难于表现的建筑物。其地面十分简洁，有石阶、草丛。侧面有不大的树丛。

作品图页 2-33

帕提农神庙遗迹　作者绘 1996年

这座建筑遗址很难画的是线稿。不规则的断壁残垣，产生不规则的明暗阴影，难以琢磨。但是水彩可以描绘得十分生动。这一幅渲染图的重点是前面山花和柱廊。侧面柱廊内侧受光。近处阴影外的石块和阴影内的石块有联系，又有退晕变化。作为前景起着陪衬主题(前面柱廊、山花)的作用。

作品图页 2-34

四塔园设计方案　作者绘 1996 年

这幅水彩渲染表现图内外景物层次。建筑并不复杂，但园内外不同距离不同高度有四座塔。最近为水中石塔，其次为园墙外一座木塔，再远些为右山坡上一座塔，最远处高山处又一座塔。四座塔和周围山峦环境和一座水榭都倒影在水中。

水的倒影是用湿画法，作总体退晕之后即将倒影大体画上任其洇开。水倒影上浅下深，在远处有粼粼波光。

这里波光和山峦亮处以及湖水暗影处的荷叶浮萍用水粉适当点缀。

湖边枯枝后面，并用少许水粉辅助。

作品图页 2-35

河北赵县安济桥　作者绘 1996 年

这幅水彩渲染表现石料构造的大桥及其周围环境。桥本身并不复杂，用灰色微暖作为底色，而后按渲染石块方法逐块渲染。桥拱底下有暖色表现了河水和河床的反光光影。关帝庙现已塌圮，但仍画在一侧，图面上起着平衡作用。这幅表现图表现了自然环境。树林茂密，近处大树是程式化的画法结合水彩画技法。左岸后面远树浅灰色用湿画法。近处大树树冠分三层，这是比较简易的画法。河床中有细水长流，河中有石桥的倒影。石桥投在河床上的阴影与水中倒影呼应。河床两岸树影与阴影表现坡地地面不平。樊明体老师曾在1952年用油画技法画了一幅约1m × 2m赵县安济桥，可惜“文革”中被毁。与油画相比，水彩渲染的表现能力就逊色许多。

作品图页 2-36 （右页）

云南丽江民居　作者绘 1996 年

这是一幅淡雅的水彩渲染图。图中表现云南木构建筑和石砌墙基和山石、踏步。淡雅的水彩表现出木构房屋和天然石块的质感。透视中建筑物的层次以及山间石块小路踏步的层次十分明确。远处山影和下坡的石板路对比之下表现空间的深远。渲染时仅用群青、赭石、朱红等几种水彩，但色彩丰富含蓄。

作品图页 2-37

绍兴鹅池　作者绘　1996 年

这是一幅清淡水彩渲染图。其特点是淡雅含蓄，描绘绍兴鹅池的幽静景致，建筑十分简单，配景与实地并不完全一致，有远山、近石、树、池陪衬建筑。色彩和光影都无强烈的对比，但这又不是调和色的表现图。

渲染程序:

1. 渲染天空 作一遍自上暗下明退晕。
2. 画远山淡影 留出山崖受光的亮处。
3. 渲染亭子 铺底色，绘瓦顶及碑底色。绘石岸、石栏底色。注意瓦顶与琉璃顶不同，反光不强烈。左右翼角受光不同，明暗退晕较大。檐口下阴影从暖到冷。碑上部阴影从明至暗。碑身明暗要以前面台基为准。前面台基踏步应比碑身色深对比强。

注意渲染水面。先从岸边向下退晕，再画倒影，后画树丛配景倒影。最后画水波阴影。表现池水平静，倒影较明显。

画树丛，先画远树后画近树，画右侧大树后再画最近树。画大树冠，后面枝叶浅，前面枝叶深。树干上有影，从浅暖至深冷。

作品图页 2-38

江南园林竹影　作者绘 1996 年

这是一幅描绘江南园的内院墙洞门附近的景致的渲染图。白墙后面有园林，墙侧有石、竹。有小径直达洞门。幽静的园林一角，用水彩渲染画竹与石和中国画不大相同。借国画竹、石谱于建筑表现图中，这也和水彩画不同。图中特点是影多。

卵石石板的地面，从远至近作退晕，草地和卵石小径从远至近从浅至深。画墙角修竹和太湖石。先画地面阴影，再画从地面，连续至白粉墙面的影。

用白粉浅粉加影，在草地、卵石小径、太湖石上、竹子上各自不同的亮面。即使竹叶、石、卵石亮面都可适当用浅粉色提效果。

作品图页 2-39

浙江民居 李晓光绘 1986年

这幅表现图是为学生学习建筑设计课的示范图。图中表现浙江水乡民居的木构住宅和石桥、石岸、石板路等不同石料质感，并表现水面倒影、桥洞阴影。

在渲染几种不同石料要区别对待石岸、石桥色泽、质感不同。地面石板光洁，行人走路时磨光。石桥石料平正接缝密实。石岸块石缝中有杂草及较深阴影。地面石板实际已无棱角，石板缝宽有杂草。可根据不同石料采取群青赭石不同比例，石桥用群青较多，石岸则用赭石稍多。石板石面介于二者之间。石阶与石板路面远近有退晕。

在渲染石桥时阴影不太深，因石料色浅。桥洞的阴影应有冷暖色变化；尤其受河水反光阴影有光影。桥下水流平缓，可分三步画：(1) 从岸边至下面从浅至深退晕；(2) 画岸上建筑、石桥倒影；(3) 加水流光影和波影。一般三步即可，也可再加重波影与倒影交合部分倒影。这种画法十分稳妥。

最后画配景，画树切忌干扰主题。树是配景。画好远树、近树及地面上树影。石桥青灰色浅，近树墨绿。地面树影由远至近也有退晕。

这幅画材料质感要求比较准确。远近层次以石桥为焦点主要面，十分明确。石岸、河水、石板路的退晕应统一协调。

作品图页 2-40（右页）

基督教堂设计方案 作者绘 1996年

这幅图是水彩渲染表现图。主要表现宗教气氛。这里建筑材料色彩变化不太多，大量是墙面、屋面。表现重点正立面的中轴线上的入口和尖塔。用湿画法画天空，可以深色部分天空衬托金色十字架、塔身。一般说对比方法有三：(1) 是明暗对比；(2) 是冷暖色对比；(3) 是二者兼有的对比。这里天空与建筑的对比，衬托建筑主要是依靠明暗和冷暖色的对比。

渲染程序：

1. 用湿画法画天空 先作从地面到天顶从浅暖到冷暗色退晕，干透后再一边用清水笔润湿纸一边加色。暗冷色为群青、紫、蓝，

接近地面渐用暖色黄红色。有意识地在塔尖十字架附近加深蓝紫色以衬托塔尖。

2. 渲染建筑墙面 这幅表现图采用偏侧面光照，侧面亮，正面略暗。正面白色粉刷墙面，中央浅金色十字架窗，两侧有花窗，这几处材料质感不同。如十字架上的淡金色玻璃光洁度很高。乱石墙裙则色冷暗、粗糙。墙面反光强，但光洁度不高。十字架有明暗变化较大的光影变化。而墙则变化小。先画底色，后加光影效果。下部乱石墙，先画底色再逐块加深留高光勾石缝及阴影。

3. 画入口门罩及大门 门罩下面阴影从暖到冷，阴影边缘附近加群青。先画大门、门扇、框，深褐色硬木门框及门扇，门扇上有花纹，后加门罩阴影。阴影画完第一遍，再深入描绘阴影内的门罩上几层线条、门框、门扇。注意影内明暗与光照下的明暗变化相反，有反阴影、反高光。最后细笔描绘门扇。

4. 台阶、地面 台阶踏步远处，不再逐条描绘，只把二组台阶分出远近。近处台阶用细笔一一深浅逐条描，或用直线笔画。在画投在台阶上云影和人影时留出每级空隙，以暗示几层踏步。

5. 渲染环境 远处建筑可简化。远近树丛分二层。教堂台阶两端的圣者石像用浅冷灰色概括勾绘，远近二雕像深浅不一。地面从远至近从暖浅至冷深。地面阴影三层，不作倒影，说明地面是水泥路面。画人物，不画汽车，人物少说明地处城市中的偏僻一隅。

作品图页 2-41

浙江农业大学邵逸夫体育馆　浙江大学建筑设计研究院设计　作者绘　1996 年

这是一幅以水彩渲染明暗对比强的表现图，说明水彩与水粉都能渲染出明暗对比强的表现图。各画种只是技法有所不同，效果可以是一样的。犹如用水粉颜料也可以渲染出细致层次多而含蓄的表现图。

这幅图中渲染建筑物时分面明确、阴影明暗的对比强，同时也未忽略退晕，表现反光、光影的含蓄变化，使之总体对比强而又细致。

作品图页 2-42

生活小区杂货商店　作者绘　1994年

这幅表现图表现生活小区敞开店堂的营业大空间的商店。设有玻璃陈列橱窗。楼上则是小百货商场。有玻璃窗。周围是居民住宅楼，有小区绿地、广场。表现建筑两面受光，正面受光较弱。这幅渲染图中树和人有特点。

画树　远树用红黄褐色，以示秋季，近树枝叶还在，但已渐枯黄。这种大树分三遍画，先画前树叶，后加枝干，再画后深树叶以衬托，近树色极深，作为景框。右下角灌木丛作为近景，草坪宜再枯黄些。

人物　这里人物很多，店内及柜台内人物下部不画，衬托玻璃柜台，外部人物则画全身，以示柜台内外。商店前人物众多表现建筑性格。大空间的阴影内的人物也应有层次。

作品图页 2-43 (上)

湖滨茶室　作者绘　1992 年

这幅水彩渲染主要表现建筑周围的环境，山岭、湖水在图面占很大比例。建筑本身十分简单，灰瓦屋顶和木构架，湖滨有石岸。两面受光，深深的阴影。背景是山峦，阳光照在山岩上呈现暖色。秋色树丛衬托建筑物，全部反映在水中。湖水有波浪但仍平静。渲染水面是一件十分繁琐的工作。倒影完全把岸上的景物，包括山峦建筑林木都反映在湖水之中。

作品图页 2-44 (下)

古典形式建筑底层商店　作者绘　1996 年

商店入口有金属玻璃门，两侧墙上有灯具。这里用水彩表现重点在建筑，而不着重表现橱窗内陈列口。只表现玻璃上的阴影。这幅水彩渲染图主要表现石料墙面和橱窗。石块面墙先打底色后每一石块重加一遍留出高光，最后画石缝的阴影。注意拱券内侧石料有一凹下部分。橱窗下为石窗台，建筑基部石料无宽缝。加深在阴影中的窗框并退晕。这里玻璃上的阴影不深，窗框的阴影即是整个阴影的主要部分，暗示阴影的存在。而陈列在橱窗内陈列品浅浅的隐约表现。着重描绘玻璃上的光影。

作品图页 2-45

高层办公楼建筑　作者绘 1988年

这是一幅水彩渲染高层建筑。这幅表现图天空浅，衬托建筑物窗间墙。但又比建筑的窗略暗。天空呈浅灰色。底层阴影明暗对比较强。主体建筑只表现一体形，底层入口则由于对比强表现突出，尤其地面和街道对面建筑阴影衬托建筑入口。鸟瞰图上近处建筑呈深暗色，与主题建筑遥相呼应，明暗对比。街道所有倒影都是事先留出，比水粉渲染要细心才能表达清楚。街道对面建筑阴影表现街道不宽。

作品图页 2-46

东南大学礼堂　作者绘 1997 年

东南大学大礼堂是一座西洋古典形式的建筑，屋顶是铜皮，年久呈深绿褐色。用水彩表现室顶深暗与明亮的建筑本身的对比。主要利用阴影表现古典建筑的体型比例和古典形式的细部。古典建筑形式表现稳重严肃，可惜由于采光及音响未能考虑周到，内部光线和音质不佳。

作品图页 2-47

清华大学礼堂 作者绘 1997 年

清华大学礼堂是一座古典形式的建筑，使用常见的红砖和白石柱、廊对比。这正是一般用于学校建筑的色彩。这座礼堂主题在于正面柱廊。这里山花是简化的砖砌，四周有白边与白色门板协调。

作品图页 2-48

伊斯坦布尔运动场

STANG AND NEWDOW 绘

这是一幅水彩渲染图，色彩丰富，层次分明，用水彩叠加，表现建筑局部的光影色彩变化一丝不苟。如玻璃内外明暗阴影和檐口下的三层内各个面的明暗十分细致。这种渲染关键在分析光影关系。用一层层的水彩叠加，即可得到预期效果。

作品图页 2-49

双塔倒影　作者绘　1997 年

这是一幅淡色水彩渲染图。两座高层建筑位于江滨。江水缓缓流淌。由于水汽上蒸，江面朦胧，仅顶部明显。建筑物几个面尚清晰可见。群房平展，高层建筑略暗衬托群房，有些像在晨雾之中。远处城市高楼，陪衬主题。江水是用极浅蓝绿表现，倒影也十分平静。使用三层叠加渲染方法。整个画面十分清淡宁静。

作品图页 2-50

汉代雅安高颐阙　作者绘

这是一幅水彩渲染表现石料质感及细致雕刻纹样。表现图取景是作者假设，原西康山区示意，有石板甬路，但非原状。图中重点表现阴影内的纹样，适当使用白粉加亮受光面。

三、水粉渲染表现图

作品图页 3-1

深灰色图纸白粉渲染住宅 LOUIS A.COFFIN 绘

这幅水粉渲染图是在深灰色图画纸上用白粉表示受光部分表现建筑。除用铅笔淡彩对屋顶及暗部稍作一些加工外墙面亮部都是白水粉表现。这种表现方法曾经使用作为建筑师迅速出图的办法。过去用底图晒成深灰色图纸，裱在板上即可用白粉将亮部画出。也可以多晒几份复制成几份表现图使用。但是，这种水粉画只能表现大概情况，很难描绘清楚，现在已很少使用。

作品图页 3-2

西班牙式住宅

ROBERT LOCK WOOD 绘

这幅水粉渲染图是防水彩色墨水画线稿用水粉平涂技法表现山区一别墅。建筑物各个面、树木、山峦，基本上都是用不作退晕的平涂方式渲染。线稿十分清晰，水粉颜料，在线稿内填满。即使远山明暗部分也都是用平涂的色块组织。渲染时可以有分别填入，也可以作些叠加，先深色后浅色。阴影也不作退晕，树木不描绘出体量。这种画法，过去我国名建筑师范文照曾用极厚水粉画在粗板纸上，表现西班牙式住宅效果极好。

作品图页 3-3

灰色图纸上水粉画小剧场设计方案 黄为隽绘 1980年

这画以灰纸作底，省略了中间色，而重点在提出亮部和暗部的衬托。建筑突出主次受光面之间明暗交界的描绘，然后向各方退晕。由近及远渐次淡化，最后用衬景、地面烘托。寥寥枯笔涂沫地面、人物、远树的点缀为画面增添活力。而近树的秋叶与远处广告的色块也打破灰纸灰调的沉寂。

作品图页 3-4

芦笛岩 陈璜绘

芦笛岩用水粉颜料所画。这幅画是表现图但也是一幅画。画舫比较简单，主要是背景和水中的倒影。山石树木结合，岩石似为后画。水的倒影用水粉表现，技法十分娴熟，使画舫、倒影结合而未使用深暗背景倒影衬托画舫倒影。

作品图页 3-5

清故宫乾隆花园撷芳亭　作者绘 1996 年

这是一幅分块平涂的水粉渲染图。在线稿中用水粉根据要求填入水粉颜料组成画面。这种平涂方法不作退晕，天空、建筑、地面、配景都是以明、暗色块组织，而明暗即使阴影也都没有退晕。这是水粉渲染中技法简单的一种。要组织好这些明暗色块，事先要作一分析，如琉璃亮处和暗处的色彩关系，山石明处与暗处可能有几个分面，但不以退晕变化过渡。如亭子宝顶的圆形的分面即十分困难，往往会形成明暗几个面部分而不呈圆状。地面只有受阴影或无阴影两部分，而无阴影内的退晕。

这种画法第一步画中间色，如山石，建筑屋顶可先画中间色。而后加暗面深色和亮面浅色。山石也先画线稿，全部用中间色平涂后必须再用线稿重新明确亮部和暗部。这种画法使用稠水粉，覆盖力强。有错误可修改。这是一种略带有图案式的画法。

作品图页 3-6

奥康食品商店方案　作者绘 1990 年

这幅水粉表现图表现沿街一饮食、食品商店，下为饮食、食品营业厅，上为冷饮咖啡厅，后为办公楼。十分简洁的外形以贴石墙面作商业标志，街道不宽，也不十分热闹。是一市内清静幽雅的饮食咖啡厅。下有食品橱窗两处，画法细腻，主要表现陈列品。

作品图页 3-7

中世纪教堂　作者绘　1996 年

这幅中世纪教堂为三点透视，除左右各有消失点外还有向上的消失点，表现向上的倾斜。天空有色彩变化，地面明净。墙面灰色砖，白色线条和边缘。玫瑰窗有多层。入口门拱也向内深入多层。渲染教堂时不宜有很多人物汽车。这是一幅即兴之作。本书中有三座教堂，这座教堂是天主教堂，原应表现灰涩沉重色调。为减轻这种压抑感，有意使用明快暖色调处理配景。

作品图页 3-8 a

北京黄寺喇嘛塔　作者绘 1983年

这是一幅以水粉渲染的表现图，细致而含蓄。现在水粉渲染多以粗放明暗对比强烈表现建筑体量和概貌。事实上数十年来，水粉渲染表现细致含蓄的技法早已有之。用水粉颜料在这方面有时比用水彩效果更好。因为用水粉颜料渲染，只要从容不迫，深入细致，往往能够唯妙唯肖地刻画极细致复杂的作品，而且保持其光影对比明快的效果。许多商品广告上的工艺品、商品、人物的描绘即是一证明。有时甚至可以与照相相媲美。这幅水粉渲染图即是试探工作，试用水粉渲染细致含蓄的表现图。

渲染程序：

(1) 渲染天空 用紫群青、普蓝、湖蓝从上到下、从暗到明连续着色，表现天空退晕和云彩。用板刷将事先准备好的明暗几种颜料迅速着色。

(2) 先把整体明暗变化用浅色铺底色，金顶用黄赭石、石塔用暖灰、墙、台用冷灰。目的是先确定建筑各部色调。各部分色彩质感不同，既不能分层叠加，也不能用水彩叠加求得丰富的质感效果。

(3) 在各部色调基本决定之后，即可分别刻画，例如金顶，以深蓝、紫天空为背景，着意刻画鎏金宝顶的光影变化，表现光洁度极高的表面反光（见宝顶局部作品图页 3-8 b）。

作品图页 3-8 b

北京黄寺喇嘛塔（局部） 作者绘 1983年

(4) 渲染石塔本身 表现石料质感，尤其是石块接缝处因年代已久，风化剥落已不密实整齐。但石塔的浮雕仍清晰可见，明暗变化比较清楚。石料的明暗变化与金顶的纹理明暗变化大不相同。金顶的光洁虽经多年风雨仍保持着闪烁光影，而石块已被侵蚀风化，相当粗糙。这种现象不是用大笔快速的刷涂可以奏效，而要用小笔、细笔一笔一笔刻画。要仔细分析石塔每层之间的阴影变化。尤其金顶下的阴影和石塔上下的阴影，应有的反光、退晕。

(5) 渲染石牌坊 由于石牌坊下斗拱复杂，作为石塔陪衬不必过细，只须大体轮廓和阴影即可。

(6) 渲染砖墙、台基座 绘石栏可先画中间色再用浅粉覆盖，留出阴影。后用较深灰色加暗处。砖缝可用铅笔或直线笔后画。由于风雨侵蚀，砖缝已不平整，砖面亦有剥落，靠地面处附有青苔，这些在渲染时都宜注意。

(7) 树丛 左侧松树和右侧矮松树都是作为景框衬托主题。树并不高，画法不尽相同。左面松树不宜过高，否则与垂直石塔并列，影响石塔的主导地位。右面用国画法画出松针组成水平的框架。其下的红叶也用国画法组织。右侧地下的花草都是作为丰富图面的陪衬。

水粉渲染技法很多。同时，也可以借鉴于国画、水彩画技法，不拘一格，则可取长补短。水粉渲染既可表现大块文章，也可以描写细腻生动。

作品图页 3-9

电影院入口方案　作者绘　1990 年

这幅水粉渲染图细致描绘电影院入口。茶色玻璃楼梯间和入口大门。由于仅一面沿街，两面受光，可以更好表现入口处及楼梯间的阴影变化。

图中渲染玻璃和大门表现门厅内暖冷变化。门口天花深，门内天花浅并且渐暖，以至表示室内空间的延伸。最后用白粉加天花灯具及反光。楼梯间的玻璃内表现内部空间及楼梯平台等，待全部画完，用直线笔将玻璃框、棂用白粉画出。

作品图页 3-10

天津泰安道住宅设计方案　佚名绘　1976年

这幅水粉渲染图是学生作业，用覆盖法渲染，主要表现沿街面住宅和底层商店。采用正面受光，侧面处于阴暗部位，简略地分面。天空是直接法渲染，仅用15分钟完成。云层并不影响表现建筑本身。橱窗是用直接法毛笔后加，建筑整体退晕到橱窗上色彩已很浅，橱窗则虽然接近地面，色彩和阴影都较突出。这里并未采用上明下暗的手法，是既表现了建筑物，又突出商店的办法。对于高层建筑，这种表现方法是相当普遍的。这种退晕方式是一种夸张手法。高层建筑在城市中，往往从远处多看到顶部，走近则多看到底层。如建筑物很高，中间有一些建筑处理，则上、中、下成为三个重点来表现，并不拘泥于退晕的科学分析。

渲染天空是用小板刷以直接法连续加色，将事先准备的深蓝、紫、群青和朱红、黄等颜料杯，先后按腹稿的云、蓝天的布局一气呵成。先画深冷色从左开始，并适当在几个部位也加深冷色作为伏笔。后画浅蓝、紫往右退晕，将黄、朱红等调和连续在蓝天处画成云。基本是从左至右从蓝紫到暖色浅色，预留的深冷色将在云层中间表现透过云层的蓝天在画云层时左侧不宜太大，应有逐步退晕，顺序是深蓝紫→深紫→红黄→暖灰→亮灰色。

画建筑物底层橱窗、入口，多是细笔描绘。画橱窗时不考虑玻璃的影响，先画陈列品及橱窗里的背景，再加白粉窗框。商店及住宅楼入口，从上至下从暖至冷，后用浅粉加门框。橱窗玻璃可用白粉适当罩一些亮处表示光影，大门入口则因室内深暗不必再罩光影。

配景中画地面是先刷一遍深灰色，略有退晕，再画建筑底层倒影，最后用板刷作水平深蓝灰色地面阴影。图中行道树是概括成圆形，不宜过多取其平衡图面，街道比较僻静，道路狭窄，人车不多。

a

b

作品图页 3-11 a、b

南方剧院设计方案 作者绘 1984年

这幅水粉渲染表现现代建筑剧院的方案。对光照效果分析比较细致。图中对大片玻璃窗受光的阴影变化作了较深入的描绘。上层室内楼梯、楼座平台、楼座下，室内楼上墙面天花有暖色退晕。外平台下的阴影，受地面反光呈暖色退晕。柱子之间的玻璃嵌在柱子中间，柱子室内部分色浅，用以表现玻璃的存在。玻璃外面柱子则明显比玻璃内一部分柱子暖亮。此外表现玻璃存在的是，右最末一间玻璃窗与转角侧面玻璃后面的天空较室外天空暗。

石有高光、石缝。大理石贴面接缝密实，无高光。草地左深绿退晕至右，石在草丛中为深褐色有绿青苔，后面草地上石块，树根石块附近后画浅绿小草。

作品图页 3-12

南京曙光电影院　作者绘　1977 年

这幅水粉渲染是描绘已建成的南京曙光电影院。周围环境已非现状。这幅渲染图是按照一般水粉渲染技法掺杂了水彩渲染技法。建筑除窗棂、台阶，全部徒手靠线。这幅表现图采取侧面受光强的两面受光方式。由于侧面很狭，因此仅作亮面粗略处理。配景画法采用水粉图案画法，人物、车辆、配景、建筑都按水彩渲染技法处理。地面阴影层次较多含蓄，无倒影，表现阳光照在混凝土或干燥地面上。

渲染程序:

(1) 渲染天空 从左往右从浅以湖蓝、柠檬黄、浅绿、白粉调色、极浅开始连续退晕。事先准备四杯不同深浅、色彩的水粉色。用小板刷直接法着色连续退晕，并不采用反复刷的办法以求均匀，而是一次退晕，衔接不匀则待全部退晕渲染完毕再适当加工，或渲染过程中适当加工成隐约淡云，直至最深天空加紫、群青完成。

(2) 画建筑外墙面 从左至右从浅暖至深冷，连续退晕。用直接法作微弱退晕不考虑墙面均匀。干后用直线笔画砖缝，最后加墙盖顶，以徒手用白水粉画盖顶。由于天空与建筑衔接不密，天空略侵入建筑轮廓，画建筑墙面时用细笔修正。干后适当挑若干砖块及墙盖顶，以示微差。

(3)画建筑物内部 楼上窗内用从上至下暖到冷暗色退晕画内部墙门等以冷灰暗为主。干后加窗框用直线笔加白粉，用徒手细笔描绘窗外框。下部入口门以水彩技法将室内上暖下冷暗色填入门框，以留出浅色门框。台阶用一次退晕，再用直线笔画踏步高光。

(4) 配景建筑 按水彩渲染技法，先画墙面后加暗窗。

(5) 配景地面、树木 树木是一景框。用色块图案表现图示风大，树枝叶右倾。地面阴影多层次处理，无倒影亮地面，从远至近，退晕分三层，一为地面不平出现明暗。二树枝叶的阴影。三是云阴影，影中有迭加的阴影。这种表现出的阴影十分含蓄。

(6) 人物、汽车 按水彩渲染技法画，人物受风吹衣裙飘起，人有动态。汽车是写实画法。

作品图页 3-13

人民大厦　黄为隽绘　1985 年

这是黄为隽教授在 1985 年所绘，天空退晕有云。建筑物本身有总的统一退晕，地面浅，有建筑倒影，近处树影及远处建筑地面退晕都陪衬主体大厦。建筑物受光面侧面更亮些，有利表现正面壁柱、窗影。远处建筑较冷、暗。树木配景一丝不苟。淡雅的水粉不但表现力强而且细致入微，色彩含蓄不亚于水彩渲染画。

作品图页 3-14 （左页）

青岛一公寓楼　作者绘 1996 年

这幅水粉画是表现一栋砖砌公寓，具有地方风格，红砖墙白色水平腰线和山花装饰，白色木门窗框。由于平面转折复杂，致使分面多变化大。

图中渲染墙面时注意了分面。机械地以一最亮面和最暗面为准，而后根据各个面受光强弱，比较分别渲染明暗墙面。砖缝是用铅笔后加。

图中渲染窗内，以深紫色的退晕为主。后加窗框，最后加影。水粉渲染比较容易。这里天空是用水粉连续着色，以湖蓝为主并不退晕。

作品图页 3-15

旅馆设计方案　聂兰生绘 1976 年

这幅表现图是聂兰生教授在为学生示范所画。她的教学风格是亲自动手、一丝不苟。整幅渲染画并未画完。其中不多的配景如小树丛的一小部分和人物、汽车是后补之作。

作品图页 3-16

旅馆设计方案　佚名绘　1976年

这幅水粉渲染图，表现高耸的建筑的气氛。两面受光，受光强面十分强烈，受光弱面较为清晰，这是一种对比手法，有时受光强面完全留白不着色，主要表现较暗面。窗玻璃作为反映天空，但与玻璃帷幕墙不同，无整片反映景物。天空云层是用板刷一次完成总退晕，从左上至右下，天空接近地面处云层扁、浅、暖，透视感觉十分明显。

图中渲染天空时准备深蓝、湖蓝、浅朱红及白色颜料各一杯。用板刷从左上角深冷往右下浅暖退晕。在画深色部分即在右边适当加些深色作为伏笔。一边画一边变换颜料。这种退晕是总的不均匀退晕但逐步变换颜色。务必注意对建筑物的影响。接近地面云层扁平。

图中画建筑物则是先画窗，高层的玻璃反映天空，画出云彩变化，低层则反映地面，色深暗。高层窗与背景的窗相似，不能看成透过窗看到天空。后面窗间带状墙体。

作品图页 3-17

纽约富勒大楼　EDWARD TRUMBULL 绘

这是一幅水粉与油彩方法结合渲染的高层建筑，这种渲染方法近乎一幅水彩画。取其大效果。天空是带有图案色彩的厚云，地面反光倒影却表现相当粗放。建筑物下部有深的阴影，窗间墙暗而窗本身亮，楼的上部则反之。阴影投在墙面上暗示近处有高楼。重点表现楼顶、中部和底层三个部分，这三个部分正是高层建筑重点处理的部位。远处行人可看到顶部，再走近可看到中部，再走近可看到下部。这幅水粉渲染其层次远远高于当前用板刷、戒尺机械的画法，此图近似艺术绘画，是一种粗笔触大效果的表现图。

作品图页 3-18

高层办公大楼　作者绘　1988年

这幅水粉渲染图的特点即在于借用水彩渲染“洗”的方法。水粉多是用板刷或笔直接画在画纸上。方法不同效果也不相同。但，水粉颜料也是可以采用水彩渲染的办法，从而简化了渲染的大面积退晕，不必反复用笔或板刷来刷。渲染天空的程序：将图板倾斜，用调好的几种退晕过程中的颜料渲染。颜料内掺水至稀糊状，以在倾斜图板上能自己淌下为准。可先在板上试试，调正图板倾斜度以适应水粉的流淌为度。渲染从浅暖到深冷，大约要调4～5杯不同色彩深浅的颜料。用大画笔将浅色颜料加在画纸上并引导向下均匀流淌，注意随时调色，将下一杯的颜色逐步调入前一杯中，调入多少，不像水彩那样变化敏锐，待后一杯颜料调入前一杯，基本形成退晕后，再将第三杯颜料逐步调入第二杯，如此退晕直至结束。这幅表现图即是一次“洗”成。这种“洗”的方法只要调色时在杯中调匀，用笔沾上颜料在纸上积累较多、调得均匀再往下淌，即可保证均匀。由于颗粒较粗，如有不匀，可将图板左右倾斜（可接近垂直），即可以任其自己调正均匀。一般说坡度比水彩渲染大，每次加颜料间距短，积聚在纸上的颜料较多，退晕较匀。

作品图页 3-19

住宅 ADOLPH TREIDLER 绘

这幅水粉渲染图是一种树胶调制的水粉画，用的技法不完全是点彩法，但多处使用彩色点组织成色块。如天空可以平涂渲染。而建筑本身如白墙，虽是一片墙面，但仍是用点组成。地面、阴影以及池水也都是点组成。但树丛枝叶，则用碎笔画。看来是一种平涂与点彩结合的画法。而点彩部分也还是铺了底色。如地面则是先铺浅灰底色后加点彩。

因此，可以说渲染技法往往是多种方法综合使用，不能拘泥于某一种方法。

这幅渲染图也可以用天空的灰蓝色画纸，天空不再渲染，只用水粉画或点画建筑及配景。在深色画纸上面作水粉渲染也确是一种十分有趣的渲染方法。

作品图页 3-20

惠契特艺术学院　J.TLOYED YEWELL 绘

这是一幅点彩法渲染的表现图。天空退晕、建筑物、地面、树木、水池都用点彩法。建筑物上的大面积墙面，用点彩法表现石料质感恰到好处。比用水粉刷出石料质感并不逊色。天空退晕中点彩显示了阳光闪烁的效果。地面和环境绿化有图案化感觉，充分发挥了水粉点彩画法的优点。用这种画法画草地尤其能把茸茸细草的质感表现出来。

渲染程序大致是作退晕渲染底色后用点彩法画天空，用细笔先点浅色干后再点较深的部分。这种点的布局互相交错，用不同颜色点组织退晕和色彩变化。可用复合的颜色相间以得到更为含蓄复杂色彩效果。

作品图页 3-21 a

塔楼正立面

H.RYMOND BISHOP 绘

这是一幅点彩渲染表现图，这幅画的特点在于配景天空、水面倒影、树木都是点彩画法。为了衬托高塔，天空退晕与建筑退晕相反接近地面部分呈深冷色调，而门洞则为暖亮色十分突出。

从局部放大图可以看到点彩法画石块、花窗留下的石缝，充分表现水粉画的特色。由于用点组织明暗色彩变化，点有重叠现象。即是在点彩画之前先加了底色，点彩只是在底色上覆盖。点不可能密实无空隙，不铺底色必会露出空白。从这幅局部放大图即可以看到点彩技法的特点。

作品图页 3-21 b **(左页)**

塔楼正立面局部

四、水彩与水粉结合渲染表现图

作品图页 4-1

小型邮局方案　作者绘　1992 年

这是一幅水彩与水粉渲染结合的表现图。建筑物全部用水粉渲染。背景全部用水彩渲染。这种画法比较便捷。作为低年级教学可以训练学生熟悉二种颜料的特性。这是一幅示范图。

渲染程序

1. 渲染远处背景　渲染远处建筑，后渲染天空。把背景中的建筑物体量分开。渲染一遍即可。在建筑物后面的远树也可先渲染完再画建筑。

2. 渲染建筑　利用水粉的覆盖性质，画建筑。先分面，后画屋顶及玻璃，最后用浅水粉画支架。屋顶绿色瓦面可以用细笔戒尺画，支架用白水粉最后画。

3. 画近树　用薄水粉或厚水彩都可，冷暖色相替退晕不画出体量，仅作二层即可。注意暗中有暖色掺杂其中。

作品图页 4-2

小别墅设计方案　作者绘　1996 年

这是一幅带有北欧风格住宅，红板瓦、白板墙、乱石腰墙。白木窗、深红窗帘，乱石烟囱，住宅院内有草坪及树丛。渲染这种住宅方案是学生学习过程中经常遇到的。学习各种传统风格的住宅对学生学习十分有利。

由于屋顶色泽深红，用浅天空衬托。用水粉辅助渲染石墙是按石墙的程序逐步渲染后强调石墙的明暗面的关系。窗内应较暖暗，从天花到地面，从暖至深冷。这种渲染表现玻璃透明。先画室内，将窗帷帘空出。在画完白粉加的窗框后再加窗框投在帷帘上的阴影。

渲染院内树丛、草坪是先画草坪和远树。后画近树和草丛。妇女推小儿童车以表现家庭气氛。

作品图页 4-3

流水别墅 作者绘 1988 年

这幅表现图是用水彩和水粉渲染技法结合渲染的。建筑本身基本是用水粉渲染，配景则是水彩水粉结合。这种结合发挥了二者所长。表现图既显示了水彩渲染的自由挥洒，又显示了水粉的明快和覆盖能力。如流水产生水珠四溅、朦胧景观和石边细流，前者是水彩湿画法，后者是水粉的补缀之笔。大石块的明暗及长有青苔的阴暗面和用水粉覆盖后的受光面。都是用水彩水粉结合的表现。

渲染程序：

1. 渲染天空 用水粉渲染的直接法，微微有些退晕，淡淡云层也不明显。一遍退晕即可。

2. 渲染建筑物 用水彩铺底色后用水粉覆盖渲染分面，画阴影。石墙也用水彩画底色后用水粉覆盖并留底色作为高光，再勾画石缝。

3. 环境配景 水面及流水用湿画法一次完成，不足之处用水粉补缀。石缝间的细流基本都是用水粉补画，不是预留也不是用小刀或橡皮擦出。建筑后面树丛左面是水彩画，再用天空填补枝叶间隙，右面的树及远树则是用水粉在完成天空之后补画。水边的草丛大多是水彩画后用水粉补缀。水边石岸以水彩为主，用水粉补出亮面。

这幅表现图可以完全用水彩渲染表现，等全部画完全之后再用水粉颜料修补其不足之处。如天空，不必用水粉渲染，水彩更为便捷。如石墙石岸可用水彩铺底也可利用水粉补画亮面。建筑物的亮面可以预留出来。室内、阴暗的楼板等也完全可以用水彩渲染。总之，从大面积渲染和色彩、光影变化较大的特点来看，用水彩渲染更为有利。水粉可作辅助的渲染，提高局部高光，或补缀不足之处如石缝细细流水。在技巧熟练之后，很难说水彩水粉二者渲染何强何弱。常常可以把水粉、水彩颜料自由使用，当须用水彩渲染技法时可多掺水，必要时也可少掺水用作水粉渲染。相反，可以自由使用水彩颜料，当须用水粉技法时，可多掺白粉，少掺水，虽不尽相同，也能近似。

作品图页 4-4

埃索百货商场　作者绘　1988 年

这是一幅水彩水粉混合的表现图，配景天空，树木及各层窗门都是用水彩渲染。墙面地面亮部都是用水粉覆盖。

天空是水彩湿画法，不用白粉画云，第一遍基本完成，后用局部湿洇修补。各楼层用茶色玻璃有退晕。上层入楼层入口经过大台阶，入口处顶部为暖色而门内为深褐色。地面层橱窗表现玻璃光影，陈列品并不清晰。各层渲染最后画室内灯具，按透视关系用白粉后加。地面先用水彩退晕后用水粉覆盖。

树木主要用水彩画树叶，后用水粉提效果。

作品图页 4-5

宁波银行一支行方案　作者绘　1989 年

这是一幅用着水后即洇开的水彩画纸渲染的表现图。这种纸原是专作水彩画纸使用，作水彩渲染比较困难。但用水粉渲染则还是可以得到较好的效果。这幅表现图即是用水彩和水粉两种渲染技法结合画的。在这种图纸上用水彩渲染的必须严格掌握水分。不宜采用大面积"洗"的方法。即使必要的退晕也只能用直接法作连续退晕。或掺入水粉颜料，也可以用水彩颜料画色彩较深的部分，而用水粉颜料把由于湿洇而出现的水渍和不整齐的边缘部分找齐。水粉可作为帮助修补之用。

渲染程序：

1. 渲染天空 由于纸张容易洇，不能采用大面积"洗"的技法退晕，只能铺一层退晕不均匀的底色。干后再用水粉修整，按照预先设想的腹稿渲染云层。也可以一边加色一边渲染，这时，水彩、水粉颜料都可以用。水彩可以用铺色画出云的体量，水粉可以用来补缀不足。

2. 渲染建筑 尽量使用干笔，同时使用水彩和水粉颜料。先用水彩颜料画深色墙面、茶色玻璃、窗内。后用浅色水粉画墙、圆形玻璃内有楼梯。用水粉暗褐色加天花、阴影。再用浅色水粉加工、修补。

3. 地面 把人行道和大街分开，颜色暗部分是街道，作退晕，画倒影，最后加光影，完成后再用浅水粉补缀人行道。

4. 汽车、行人 汽车是用水粉画以免出现浸洇现象。行人也用水粉画。

有不少人使用国画宣纸作画，虽然会出现湿洇现象。但如使用水粉结合水彩则一般说可以达到理想结果。也可以将这种纸裱在图画纸上，效果也是很好。现在有些画纸并不是很理想，但用水粉渲染完全可以胜任，这也是水粉渲染的一个很大优点。

作品图页 4-6

画室 FRANCIS H.CRUESS 绘

这是一幅水粉渲染，但其中也掺水彩技法。如天空即是水彩或薄水粉，后用浅粉覆盖画云层。建筑物基本是水粉画，但某些部位如阴影反光暖色到深冷色退晕则有薄水粉或水彩的技法。用水粉画石块及屋面亮色石板瓦。一些暗色即是一种接近水彩的薄水粉。地面亮处草坪即是在暗绿色草坪用水粉覆盖表现出光照阴影。树丛，尤其近树枝叶，明显地看出有水彩或称之为薄水粉与水粉的相互陪衬的关系，这样用来表现枝叶的前后层次和阴影。远树也是如此。

看来，水粉渲染可以不受水分的限制，用接近水彩或薄水粉和厚得有覆盖能力的水粉结合。即是水粉渲染技法的灵活而熟练的一种不受颜料约束的渲染技法。从这幅渲染图中看到十分熟练生动地表现了这一石屋的特殊风貌。

地面石块有青苔和细草即是熟练运笔和着色的表现技巧。用水彩水粉结合表现这种石块草地确有独特之处。石屋的暗部有白粉表现受光的凸出石块。近处石块上有青苔，石缝中长出细草，石屋墙角有枝叶的影子等等都可以看出作者不受水分的限制，用接近水彩的或称为薄水粉的渲染技法和厚实水粉渲染技法灵活结合。其熟练使用颜料达到运用自如、得心应手、炉火纯青的地步。说明颜料的性质不是一种约束的而是一种可以发挥的条件。从这幅渲染图中可以看到作者十分细心地观察并描绘了一座充满光照色彩变化丰富的小石屋。在这里一丝不苟地为自己的设计作品渲染了一幅精致的表现图。也可以把这张图看作一幅写实的艺术绘画作品，虽然实际它仍然是一张用渲染技法画出来的表现图。

作品图页 4-7

南方商业办公楼方案　作者绘　1990年

这是一幅水彩与水粉渲染结合的表现图。这张图建筑物和配景都是结合二种技法渲染。天空是水彩渲染，十分简单。建筑物的玻璃窗全部是水彩渲染。画墙面则用水粉颜料，但是用水彩技法，即薄水粉的画法。并不采用水粉的覆盖叠加法，而是窗、墙各自单独画。即是把水粉水彩两种颜料等同使用水彩渲染方法渲染。

作品图页 4-8

烟台商店住宅楼设计方案　作者绘　1992年

这是一幅水彩、水粉结合渲染表现图。水粉水彩相互结合使用。所有深暗部分都用水彩，亮面如墙面都使用水粉。天空用水彩退晕作为底色。从左至右上逐渐从深冷色变为浅暖后用水粉湿画法画云层。水粉用水较多，略有透明，适于画天空薄云。建筑物上下略有退晕。楼后临公园，远处无建筑，多为远树，马路有坡但并不陡。人行道为混凝土，马路为沥青，倒影比较强，用水彩和水粉结合渲染。

作品图页 4-9

罗宾商业办公楼设计方案　作者绘　1990 年

这幅表现图以水彩为主，水彩水粉结合渲染。水粉只是辅助。这幅表现图的天空地面、建筑都是以水彩渲染为基础，用水粉提出亮面。但又不是把水粉仅仅作为表现亮的墙面使用，而是作为水彩的助手，即水彩不易表达的部分使用水粉。如层层薄云遍布天空，用水彩湿画法或用水彩铺底色用橡皮擦，都不可能画出这种情景，只有在水彩渲染基础上用浅色水粉逐一覆盖在底色上渲染出满天薄云。同时还利用水彩适当补缀云后深处蓝天。这种云天有层次、含蓄真实又不干扰建筑这一主题。天空本是表现图的配景，既要陪衬主题建筑说明光照的实际情况。又不能过于渲染喧宾夺主。这张表现图充分显示了水彩原有的浅淡而含蓄特点表现。在此水粉并不特别突出那一部分，没有强烈的对比。

渲染程序：

1. 渲染天空　用水彩从地面到天顶退晕从浅暖色到深冷色，退晕不必均匀。待干透后再用大水粉画笔或大狼毫画笔画云。一般先在天空上用铅笔打浅线稿，再画云。画的过程注意：云层高的块大，低则扁细以示渐远，天顶部分为白色，接近地面为浅暖色。云块不宜过碎。由于用水粉画，又是细碎云层，如构图不合适可以补画。所以这种天空是不易失败的。

2. 渲染建筑　先用水彩渲染建筑暗部如带形窗、营业厅大窗。都作退晕渲染。后用水彩画地面层的骑楼陈列橱窗。这时，将窗橱窗都渲染出明暗部分。后用水粉覆盖画墙面，柱子框架。在渲染时分面。红色垂直墙面可在最后画。

3. 配景建筑　只用水粉覆盖画出远近层次、体量和退晕，注意在高层建筑后的建筑受前面高楼的影响，上明下暗表示其距离较近。

4. 地面　街道部分有倒影部分和无倒影的明亮地面。一方面用地面阴影陪衬建筑，一方面表现地面阴影有层次。

5. 以水彩为主画汽车。

作品图页 4-10

江山市长途汽车站方案　作者绘 1994 年

这是一幅水彩与水粉结合的表现图，主要表现大面积玻璃窗的建筑外形。这种大面积玻璃可表现为完全反映天空，也可以表现为部分反映天空部分反映景物。这主要看视点与玻璃窗的相对位置和视线角度和光线入射角度而定。表现图上可渲染成一片从上至下从深冷至均匀退晕，也可渲染成云层和天空一样。也可以将景物包括建筑物的身影上部和一部分晴朗天空结合都画进去。建筑入口处檐口下为暖色，画出深远大厅。

作品图页 4-11

康萨斯一中学 (HIGH SCHOOL, LYONSA, KANSAS) OTHO MCCRACKIN 绘

这是一幅水彩渲染图。但许多亮面都用水粉覆盖提了效果，而阴影部分仍是水彩渲染。线稿十分重而清晰又像是水粉渲染图。墙面线用铅笔描绘，虽不十分清楚，效果仍然在，建筑本身并不复杂，体量变化不大。亮部与墙砖面细，交错组织丰富色彩。窗内表现室内深色，浅亮色窗帘上有窗框、棂阴影，这是一种写实的画法。

这幅渲染图以树为近景框，生长于建筑前的草坪中，色极暗用水粉画树冠。地面既用水彩又用水粉综合使用，作暗部和亮部。这种构图的表现图虽不多见，但在不影响建筑物本身的前提下仍不失为一种能充分表现建筑环境的一种表现办法。

作品图页 4-12

银行设计方案　作者绘　1996年

这幅渲染图表现水粉渲染的特点不太多。用水粉渲染技法和水彩渲染相混合。天空云层十分柔和，这种天空用水彩水粉渲染效果极好。办公楼部分与营业厅几乎全部按水彩渲染程序和用笔方式。事实上有时水粉与水彩渲染界限并非十分明确，往往在渲染时会把二者的技法混合运用。这是一张水彩水粉渲染，但使用有不少水彩渲染技法。

图中渲染天空是用板刷和大狼毫画笔同时渲染，板刷只起大面积水彩退晕效果。狼毫画笔则用于水粉描绘天空柔和的云团。开始用板刷，随即用狼毫画笔。大面积用板刷，用狼毫画笔加工。

作品图页 4-13

罗埃商业楼　作者绘　1990 年

这是一幅水彩、水粉结合渲染的表现图。先用水彩画暗部，再用水粉覆盖亮部。可以发挥二者之长，既细致又有较强的效果。天空全部为水彩，地面用水彩铺底色。

五、鸟瞰图的渲染图法

作品图页 5-1

北京紫禁城鸟瞰图　作者绘　1982 年

这是一幅水彩渲染表现大面积总体布局的表现图。由于面积大建筑物多，又不能明确其焦点所在，因而从午门开始到景山，平铺直叙，由近而远的作为一个整体表现。按照近色彩深、远色彩浅的原则把每幢建筑都画在上面，而渲染则按照远近分层的原则逐层变化，无一脱漏。这种表现方式往往会失之面面俱到而未必能兼顾。鸟瞰图往往会有顾此失彼的问题。而北京紫禁城的难以渲染即在于此。

渲染程序：

1. 画透视网格　这是一片平整的地段，因此，只须按透视网格如实将每座建筑布置在内即可。为了不致前面建筑遮挡后面建筑，视点提高，适当调整网格。按网格绘线稿。

2. 作正体退晕　由远至近铺底色。

3. 从近至远退晕　渲染每一建筑组群，务使每组建筑群内建筑协调。

4.利用阴影衬托建筑　由于紫禁城内中轴线上殿座院内无树木，不能利用树丛衬托建筑，因此地面成为这一部分唯一能起陪衬作用的面。故宫地面呈浅灰色，殿座多黄色琉璃顶，可用建筑自身阴影陪衬，以其殿座台基都是汉白玉石易与地面混淆。其他部分可借用绿化陪衬。

5. 远处环境　景山及三海全部用水彩点画。湖面反光强烈，可以留出白色反光水面，仅在沿岸用湿画法适当画些倒影。

紫禁城内琉璃屋顶为黄色，则绿化应尽量用绿、深绿色，否则不能突出建筑群。线稿尽可能工整齐全，这类鸟瞰图目的是看全景，务必全，即每幢建筑都明确，而非放松一部分，突出一部分。渲染时不必突出重点主题，只需按远近分出层次。

这是 1982 年为故宫博物院编撰《紫禁城宫殿》一书所画。

作品图页 5-2

承德避暑山庄及外八庙鸟瞰图　冯建逵绘

这幅承德古建筑的鸟瞰图是一幅以国画技法为主的表现图。由于图幅不太大，实际是一幅示意图。全部根据透视学画出建筑线稿，但山岭、自然条件却是写意地表现。地形起伏，林木也都是写意。湖泊以及建筑群体都一丝不苟。表现了承德古建筑群体和自然环境。这是使用宣纸所画。

渲染程序：

1. 打地形网格 按照起伏地形将建筑组群位置规模落实。首先作透视网格，并调正其地势高度，然后再落实建筑群体位置和形象。
2. 画线稿 用铅笔把建筑、地形全部用铅笔画出确切线稿。主要是建筑和湖泊的确切地位置和形象。
3. 渲染 建筑、建筑屋顶、墙垣、建筑墙身等，用细笔着色。山岭和着色明暗表现体量，水面白色略带青味，主要是白色画水面，表现水平如镜的反光。山岭用石绿渲染。
4. 勾线 墨色细笔勾出建筑群、墙垣、林木、水泊、泊岸、山岭、山石等。
5. 补着色 如屋顶、林木……

国画技法表现大面积自然风景可以用象征手法，不拘泥于描绘实际情况。这幅表现图既按照透视学基本原理画出建筑群体，又结合写意技法将这样大的自然空间微缩于一幅图画之中。

建筑渲染可以利用国画技法，但建筑总体布局仍要求尽可能的准确，虽有写意成分，也不能尺度失真。因为建筑表现图究竟不是艺术绘画。

作品图页 5-3

海滨旅馆方案鸟瞰图　作者绘　1995 年

这幅鸟瞰图是在高空俯瞰。建筑面海背山自然配景较广，建筑本身尺度不大，这种表现图要能表现建筑体量和环境气氛，因此山峦海岸和建筑物都是描写重点，三者结合才是主要表现题材。这张图是用水彩、水粉结合的渲染。

渲染程序：

1. 普遍铺底色 各部分的底色，主要是建筑物。海水可作为配景先作退晕渲染，从上至下从浅至深。这里视点不高看不到天空和海平线。

2. 渲染建筑 明确明暗部分的关系。先画带形窗，后用水粉覆盖画白墙。各层平台都用水粉色覆盖。地面（包括平台和绿地）都是为了衬托建筑主楼。建筑屋顶后用水粉覆盖。屋顶与地面、海水要分清。适当考虑阴影，也可作衬托建筑之用。建筑只求体量和形象明确即可。

3. 画山 水彩水粉结合干画法渲染。先作出山岩和绿树丛的总布局。而后画绿树丛，后画山岩。最后再画绿树丛及在山岩上的阴影。山岩由近至远层层退晕。绿树丛也随之由远浅近深退晕变化。山岩与其斜坡绿地衔接，并和地面的树丛衔接。山岩明暗层次可用水粉辅助，上下也有退晕。近处海边山石是暗灰褐色。海中礁石也是灰褐色。远处绿化，稍加点缀即可，用以衬托建筑。

4. 平台、地面、沙滩 平台上有地砖，至沙滩地面不平，有光影变化，色彩由黄变白，海水有白沫留在边缘处。再往前即是浅海水。远处的海岸只表现绿树和山岩的概括形状和简略的光照效果。

5. 海水 从远至近用水彩渲染，从浅到深退晕直到碧蓝并带有绿色。由于海水汹涌无时平静。一般都显深蓝色。远处可浅，有时出现一波光粼粼发光亮带。海水拍击石岸激起浪花，海水拍击沙滩前浪被后浪推向前，出现一层层浪花，接近沙滩时海水渐浅；近岸，才是白色泡沫留下的一条泛白的沙滩，再近岸才是黄色沙滩，有石子凹凸不平。海水激起的浪花可用水粉后加，画浪花后在浪花下加浪花的影子。其他如水上游艇、岸上曲桥伸入海中、岩礁上建的石台亭子等都可用水粉画。远处光亮带也可用水粉后画。

这种表现图充分利用水彩与水粉颜料特点结合。

海边一般无大树，椰子树身躯向一面弯下以示海风。

作品图页 5-4

浙江湘湖风景区规划方案鸟瞰图　作者绘　1991 年

这是湘湖风景区规划方案。水彩渲染表现湖区湖光山色。水面较大，远近山峦层次很多，实际上与一张鸟瞰的水彩画相似。建筑群多在群山之中。狭长湖面，中央利用石坝拦截湖面分为二部，上建廊桥，近处有石牌坊等古建筑物。

渲染程序：

1. 铺底色以浅蓝绿为主 天空很浅一遍即可。水面也浅浅一遍。
2. 绘建筑群，远浅、近深 明暗对比强、尺度小，只能分面，画出灰顶即可。灰顶深浅视周围环境而定。用环境绿树陪衬，周围浅屋面深。反之，周围绿树深，建筑屋顶浅。
3. 用笔尖点出远树 浅蓝绿色，分三层或更多表现远近和体量。树与山峦是二者为一，山峦遍布绿树，可用湿画法布置山峦树丛，干后再加深色补足。这种画法与水彩画山峦相似。远处山峦可用浅色层层叠加。
4. 水面 以反映天空为原则。即是很浅的蓝色，用湿画法在沿岸点画树的倒影。不必细画。湖岸边有波浪拍击湖岸，注意留出一白色狭长带。可用橡皮擦出波光，也可以事先留出或用白水粉画粼粼波影。
5. 画建筑物地面上的阴影衬托建筑 灰瓦屋顶与树丛混淆必须注意一浅一深互相衬托。这种情况下如没有树丛，地面较亮更易衬托建筑。

作品图页 5-5

海滨生活小区规划方案鸟瞰图　作者绘　1996 年

这幅水粉渲染的鸟瞰图描绘半岛上的生活小区及其环境：悬崖、海水，及其后的沙滩，位于某地海滨。这幅渲染图主要说明生活小区的环境。水粉渲染也可采用水彩渲染的技法，如描绘山岭树木及远处云层。

为了将这住宅全部描绘清楚，把远处的小区、海岸和沙滩只作概括性的描绘。由于面积过大，无法兼顾，小区内住宅退晕变化不大，也不十分清晰。

在图中渲染海水及悬崖、海滩。由上到下退晕。悬崖和海滩用浅色渲染。海浪受东南风的影响，东南岸浪更大，西北则较平静。海浪击岸，浪花飞溅，都是用白或浅绿蓝水粉后画。渲染住宅及其他公共建筑物及道路包括沿山道路以后再画树丛。树丛覆盖了一切，建筑多被覆盖仅能示意而已。

作品图页 5-6

湖滨游艇码头设计方案鸟瞰图　作者绘　1987 年

这是一张水彩与水粉结合的渲染表现图。这里的配景全部是水粉渲染。天空、山、水、树都是水彩渲染，而建筑则用水粉渲染。由于水彩在退晕色彩转变方面相对要简便，而大面积的退晕也比较简便，如画水、天、山可以采用直接法和叠加法以取得效果。水粉渲染建筑则明亮、对比强烈，也易取得好效果。这张图以水彩渲染天空、远近山，一遍完成。最近的山、树林也是采用水彩几次叠加完成。

渲染程序：

1. 渲染天空 用水彩渲染湿画法一遍即可完成。

2. 渲染远山 从图中可以看出，水面弯曲。远近山岭分三层，一是最近处林木茂密。稍远二山对峙，水面变窄，最远处山呈浅暖色，受光照较强。远山一遍暖浅色，略加暗面即可。中间一层山用湿画法，先加一遍底色即随加随画。在未干时即补画山上林木，这和水彩画的画法相似。以后再画近山在建筑后面及前面的底色。待建筑物画完之后再加一遍林木和最近的树木。以衬托建筑。

3. 渲染建筑物 这是一张鸟瞰图，主要渲染建筑屋顶（红色瓦顶、白色平顶）和平台码头。比较简单，由于有深色林木陪衬，平屋顶又在平台上投有阴影，很容易将几处体量分开。

4. 渲染水面 先用水彩作一退晕，从浅到深，待未干透前加山在水中的倒影，并画出岸边湖水不平静拍击出现的浪花白边。再画波浪和在水中的倒影。这种波浪较难表现，可能会反复渲染，必要时可以使用水粉渲染，帮助画码头在水中的倒影。

5. 游艇及游艇倒影 可以用水粉画，也可以后画。也可以在画的过程中画。

这张图渲染程序可以改为：先画配景，将配景全部画完再画码头、倒影和大树。山脚下的大树起着拉开建筑与近树的距离作用。建筑后面大树又拉开远山与建筑距离的作用。

作品图页 5-7

天津市残疾人康复中心　梁跃骥绘　1985年

这是一幅水粉鸟瞰图，近乎图案画，是表现建筑群的一种好方式，简练概括。远近层次不以色彩明暗退晕。配景中树用笔点出，只有大小变化。水池的波影，分几层明暗粉色组织。这种画法易于掌握。如采用轴测投影，则更易于快速渲染。

六、夜景中建筑的渲染技法

作品图页 6-1

康涅狄克一教堂 JAMES PARRY WILSON 绘

这是黄昏褐色朦胧中的教堂，积雪未化尽地面有反光，夕阳西下尚有余晖，月亮刚刚升起。这种情景可从图上看到。天空退晕不多，远处接近地面处较亮。教堂钟楼上部受落日余晖照射较亮。地面积雪反光使教堂上下明而中间暗。教堂内上部有反光，中部有黄色灯光透出窗棂，其余窗都暗着，没有光透出来。由于天空的余晖很多，天空比建筑物亮，建筑各部分都可以看出有阴影，还可以看出质感的木门。树木已经叶落净尽，地面积雪尚未化尽，而建筑物上已无积雪。可能萧索寒风已吹走浮雪，露出一些灰黄地面。

作品图页 6-2

雪夜小住宅 EDWARD DIXON MCDONALD 绘

这幅画表现雪后天晴有月光的夜景。天空深蓝，但建筑物在月光及白雪的反映下相当清晰，屋顶、烟囱积雪上的阴影也清晰可见，室内用的白炽灯呈浅黄光从室内向室外照射，由于月光明亮，所以窗框的光不十分强。天空有微弱退晕，建筑在月光照射下由天空衬托，有上亮下暗的退晕。地面积雪反光比较强，雪上有淡影。大门处，半开着门扇，从里向外面照射出淡黄光，是全幅表现图焦点所在。

这里用水彩渲染雪景时已经先把积雪的部分事先小心空出，宁愿多空，不足之处后补，可用水粉修补。

作品图页 6-3

柏瑞纪念柱 H.WAN BUREN MAGONIGLE'S 绘

这幅表现图是一幅夜景。从图中可以看到天色并不很暗，由天顶暗到地面亮，退晕极为明显。灯光淡黄，不会对周围照明有很大影响。因此，从柱头的阴影基本仍按一般渲染考虑。白石柱与灯，本可以用深色天空衬托，但天空亮，好像黄昏夜景，而非深夜，远处树木已经很暗，成为衬托远处点点灯光的背景。水面灰暗无明显退晕，倒影也不明显，灯光成几条金色倒影在水中。从图中可以看到的是黄昏，华灯初上的景色，清淡，静穆。这种夜景的渲染似乎旨在突出几处灯光：柱顶上的大灯球及反射光照着雕像。黄昏已深，近处建筑还在朦胧之中，而远处树木黑森森一片，正好衬托灯光。

作品图页 6-4

商业楼夜景　作者绘　1996 年

这是一幅水粉渲染的夜景。主要表现夜间商业楼的夜间灯光效果。这里有办公楼顶层住房窗内透出灯光、中间二层大展销厅的光照效果、沿街陈列橱窗内的光照和从门厅内透过门洞照到室外厅道上的情景。建筑物顶的霓虹灯和厅道的灯光交映生辉。街道上有很乱的人影，光源多，影也乱。人面对橱窗有高光，汽车也有高光及倒影。

渲染程序:

1. 渲染天空　考虑到夜间无月光，天空比建筑暗，只是接近地面有反光影响，从天顶至地面有退晕。

2. 渲染建筑　可先不考虑室内灯光外溢，仅将室内画成明亮光晕，窗间墙，窗框和其他墙面都用暗冷色并且不考虑退晕。如门廊楼上门厅等都按强烈光照表现，只是比光源（如日光灯）略暗以便后加极亮的光源灯。建筑物的渲染基本结束，即开始画光源及眩光。用白粉（如光源是日光灯）或极淡黄色（如光源是白炽灯光）。最后画门窗侧墙及框上的高光。

3. 画橱窗　先画陈列品。所有陈列品都应有较强的高光和阴影。陈列橱内原则上无向外照射的光源，只是由于夜间橱窗很亮，眩光照出使橱窗框及墙面有高光。

4. 画街道路标及广告灯牌屋顶上霓虹灯等先画光晕、眩光，干后加极亮的光源，并可适当加四射的光芒。

5. 画街道倒影、汽车、人物街道有较强倒影，倒影有二。一从橱窗内照射出的光直接照射在地面上。二是建筑物窗也包括橱窗的倒影和地面的反光。汽车受到多处光源照射产生高光较多，倒影也有多处高光。人物受建筑内（橱窗、门厅）、路灯等多光源的照射产生高光。站在门厅、橱窗前的人物有迎面高光和投在地面上长影是显示夜间灯光照射的一个特点。

6. 天空与建筑的灰暗对比要适当阴晦无月光，但城市闹区，天空比建筑暗，但近地面处有退晕。如有月亮或黄昏后不久天空余晖反映时则天空比建筑亮。晴空无月、晴空有月、阴晦天气、黄昏不久尚存余晖、远离城市、城市闹区等种种条件对天空、建筑明暗关系都有影响，必须仔细分析。

作品图页 6-5

蓝天儿童商店夜景 作者绘 1996年

这幅水彩与水粉结合的渲染图表现夜间商店的光照效果。橱窗内有顶灯，店内灯光透过玻璃门射出黄、白色光。墙上英文字本身发浅蓝光，下面中文则是字后有光线照出衬托字体。建筑上部墙凸出部分两侧有暗灯射出光线以表现墙面凸出。这是以表现商店夜景为主的一幅渲染图。

图中渲染橱窗内陈列品受光表现十分清晰。顶光和脚光、侧光共同作用，产生的光影较复杂。

图中渲染室内部分，即从入口玻璃门向内看到店内陈设，可以简略。注意门框把手都是受室内强光照射产生高光。

作品图页 6-6

江滨高层办公楼夜景 作者绘 1996年

这幅是水粉、水彩混合渲染表现黄昏夜景，夜景有三种：深夜无月光，深夜有月光，黄昏夜幕初降。表现在这图面上的是黄昏初降，天空呈现天顶褐紫灰，接近地面则是浅橙红黄，此时晚霞已经消失，只有落日的余晖。建筑物呈深暗灰色，十分明亮的灯光与之产生强烈对比。

图中渲染建筑主体，窗内有灯光部分留出空白，二个面亮处略有不同。墙面用深紫灰色，但因地面有灯光照明、天空尚有余辉，而有上下退晕。

图中渲染水面倒影中，先渲染水面退晕及倒影的退晕。后加水面反光水面波影

图中岸上的背景建筑。在夜幕降临之际，背景建筑、树木多呈深暗色。由于透视关系在水中并无倒影。

岸边的灯光、码头的标志灯光等在水中都有倒影。用水粉后补岸上明亮灯光倒影。

七、室内设计的渲染技法

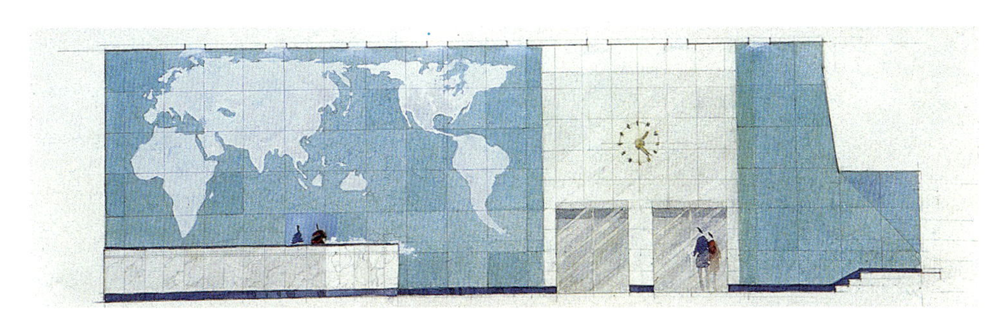

作品图页 7-1 (上)

民航大楼门厅室内设计方案　作者绘　1996年

这是用水粉渲染的室内立面设计。立面的左侧为业务柜台右为电梯门，右为通往售票厅台阶。水粉渲染只作极小退晕，主要表现这一墙面处理和建筑材料。

图中渲染墙面仅用天蓝色平涂。其中地图是白色平涂，柜台为白色大理石，用细笔绘大理石面条纹，电梯门为铝合金贴面，图中人物有影投在附近墙面上以示距离。

作品图页 7-2 (中)

音乐厅门厅室内设计方案　作者绘　1996年

这是用水彩渲染的音乐厅门厅室内设计。是音乐厅门厅室内一个立面。上有灯光照明，侧有暗灯。墙面分上下二部分。上部嵌有竖琴，金色贴面。下半部为褐绿色大理石贴面。进入观众厅两个入口大门是皮包面木门扇。为表现十分静穆的气氛故用浅绿色。这种表现图有三个特点：(1) 表现整体环境；(2) 表现建筑材料质感；(3) 表现光照效果。这是一幅调和色的室内设计表现图。

作品图页 7-3 (下)

居室一立面　EDGARI.WILLIAMS 绘

这幅水彩渲染表现室内装修、家具、摆设的质感。护墙板是褐色硬木，壁炉四周是磁花砖贴面。壁炉上摆设中国磁器，两把紫红色丝绒椅。窗侧有丝绒窗帘。隐约可见壁炉内耐火砖。这种室内设计的建筑立面表现图是一种室内设计的分解图。但不能表现室内布局全貌。主要表现设备、装修、摆设、家具质感。

作品图页 7–4

教堂祭坛立面设计　ALEXANDER E.HOYLE 绘

这幅水彩渲染表现一教堂祭坛的立面。完全是一墙面装修设计。有琉璃贴面磁砖的细部和大理石贴面。水彩渲染下面露出褐色墨水线稿。渲染十分细致，表现色彩、质感十分准确。注意：这种室内一墙面的表现，仍然按照左上方45°光线照射投影。

作品图页 7-5

接待厅室内设计 作者绘 1996年

这是一幅水彩渲染室内设计透视。这是有里外二个空间，外间光线从南面大窗照入，里面空间光线从北窗照入，但非日光直接照射。外面日光直接照射光照强，里间显然弱些。里外间对门洞产生的阴影比较复杂，反映在门洞的两侧墙面和梁上都有阴影。外间天花地面阴影来自两个光源照射的影响相当复杂，重叠阴影甚多。室内设计表现图的二要点：(1) 建筑材料、室内设施材料色彩质感；(2) 光照分析。

渲染程序：

1.渲染底色 里外厅不完全相同外厅地面蓝灰色，里厅暖灰色，里厅渲染比较放松。墙上装饰画只有概括示意。

2.室内主要的光影墙、地面退晕，沙发受光照后产生的阴影。天花受光照影响。墙面倒影投在外间地面上。地面阴影倒影比较复杂。

3.红沙发，白纱帘及地毯 三种材料不同。红沙发为人造革，白窗纱半透明，地毯厚重。前者都表现光洁，后二者一轻一重，用浅灰色将折叠处及窗棂阴影适当渲染即可，渲染地毯必须用湿画法表现毛绒质感。可用细笔描绘地毯边和花纹。在画茶几时，玻璃台面倒影反光可用白粉提效果。室内的摆设、花盆、花格上玻璃器皿、瓷器都要注意质感的表现。

4.画外间的墙上装饰。

5.画天花的阴影、灯具等略加白粉。

6.画地面光影 必先分析几处强弱不同光源产生的强弱的明暗阴影。几处光源可产生阴影叠加，可用水彩叠加办法渲染阴影和地面反光、倒影。

作品图页 7-6

古典形式大厅室内设计

CARROL BILL 绘

这是一幅水彩渲染表现古典形式大厅的室内设计，大理石壁柱和花岗石地面，光洁度高，倒影十分清晰。厅两侧有窗，虽未表现过多的强烈的光照效果，但显然两墙面的窗光照不同。家具、地面、墙面反映不强烈。门通往过道或其他房间，因而没有光线照入。顶棚、墙壁上有装饰花纹好像是描金装饰。这种淡水彩渲染效果很好，是一典型水彩渲染，线稿清晰，阴影、倒影、明暗变化不大。

作品图页 7-7

基督教堂室内及花窗设计方案

作者绘　1996 年

这幅教堂室内设计是采取把焦点集聚在背面有十字形窗前的讲坛上。光线比较复杂，十字形窗迎向来光、左上天窗三处来光，这都是较弱的眩光。只有左上三个天窗有强阳光照入室内。十字形窗的两侧的花窗内许多小格彩色玻璃组成图案，并由金属框加固，无强光照入。

这幅渲染的特点是讲坛作为焦点在讲坛上十字架上。距此越远色彩浅，对比度弱，地面及椅子也都是如此。所有各部分强调左上方来的阳光照射。此外讲坛两侧有小门通向侧室，有光线从小门中射出但没有很强烈光照入。

渲染两侧花玻璃窗时先将图案分出方格并将彩色填在格内，后用墨线示意性将彩色玻璃周围用金属细框框上。主要人物图案由粗线表示。

作品图页 7-8

某市政府机关小礼堂室内设计方案 作者绘 1991年

这是一幅水彩水粉混合渲染图。这一礼堂左侧大窗光照强烈右侧则仅有天空光照，无直接阳光。门外有门罩，因而右侧无强光。舞台是图面焦点。正在试验聚光灯舞台(讲台光照十分明亮)与左侧强光交织，地面反光受这两种光照影响，形成十分复杂的光影。左右两侧窗前有两层窗帘，一为白纱窗帘，一为丝绒深绿色窗帘。用水彩铺底色，渲染两种窗帘，并明显地反映出受光和在阴影内的质感。纱窗的暗部以浅灰色表现纱窗帘的折纹和花纹。花纹是用水粉颜料后加点。天花板因表现窗的强光和地面反光，无过多阴影。如表现夜间灯光，则必须用水粉加画暗灯的亮光和阴影。

作品图页 7-9

中国传统民居室内设计方案 作者绘 1997年

清代传统居室设计一内室。有花罩分隔空间。内设炕，上有炕几，炕下有踏凳。支摘窗上有花格，下有玻璃窗，上罩纱帘。里间有隔扇，上裱有字画装饰，地面为金砖墁地。外间有花檀木桌及高几。

光线仅一侧照射，向上、向下照射。外间光向上照射表现于花罩上部光影，内间向下，照射里间隔扇。地面有阴影，倒影，里外间的光照出现多方向的阴影。

用水彩渲染叠加法有利于表现的叠加，可以细致地描绘。

八、特殊渲染技法

作品图页 8-1

纽约电讯大楼（油画）EDWARD TRUMBULL 绘

这是一幅用油画颜料绘制的表现图，实际与艺术绘画十分相近。远处大楼与近处低层建筑明暗对比，把远处高入云际的大楼衬托成为街道远处的庞大的底景。没有细致的描绘，只是大的体量。近景低矮建筑和右侧建筑形及近处阴影表现街道并不宽敞。近处建筑（左入中右）比较暗，作为图面的景框以突出主要建筑。油画的表现力很强，但不多用于绘建筑表现图。

a

b

作品图页 8-2 a、b

福州市某大楼设计方案(电脑绘图) 胡齐 绘

这二幅表现图是福州某大楼方案的二个不同透视表现图。这二幅图都是浙江大学建筑设计院胡齐用电脑绘制。

一般电脑绘制程序大体是:

1.根据建筑方案的平面、立面、剖面资料做成三维建筑模型。建筑模型可以在AUTOCAD—12.0中建立,也可在3D.STUDIO中制做。

2.制做好的三维模型都须进入3D.STUDIO中根据材质库选贴表面材料(材料的色彩、质感、透明度)。再给模型打上光影,确定所需的透视角度,然后着色即可看到模型的透视图。

3.将已做好的模型的透视图进入PHOTOSHOP中进行修改、剪贴。利用扫描仪,可扫描一些成品图。利用这些图就可给做好的模型透视图贴上天空及配景。当建筑的色彩不够理想,还可利用PHOTOSHOP中的许多工具进行修改,直到满意为止。

电脑制做建筑渲染图,实际上还是由人控制的,只是电脑代替了画笔。渲染图的好坏取决于制做者操纵电脑的熟练程度,更主要的是操作者的渲染功底对色彩的感觉和对建筑本身的理解。这三方面都直接影响渲染图的质量。所以无论是使用什么工具进行渲染建筑表现图,绘图者本身的基本功都是不可缺少的。

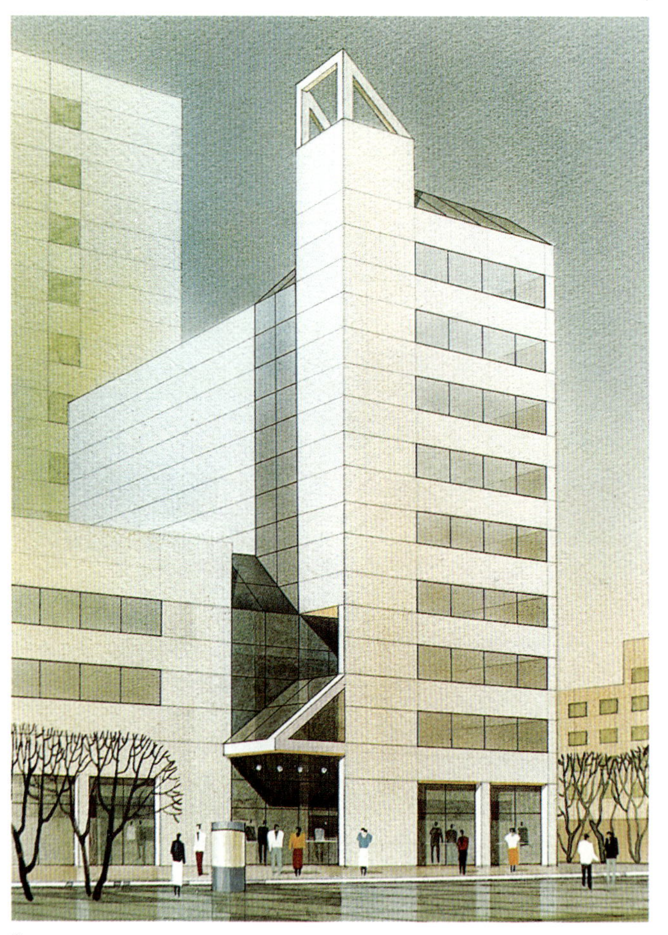

a

b

作品图页 8-3 a

武汉市某科技中心(喷笔画) 周贞雄绘

作品图页 8-3 b

武汉市邮电宾馆方案(喷笔画) 周贞雄绘

这两幅喷笔渲染图画法如下:

一幅是1991年绘某科技中心设计方案, 用水彩喷涂,喷涂结合钢笔线条,人物细部行道树则是用水粉、水彩后加。

另一幅是1994年绘武汉邮电宾馆方案, 采用水彩喷涂及水彩渲染结合。先喷天空及其他大面,后用遮片控制细部喷涂,最后用手工渲染补画细部,人物、汽车、行道树等。

喷涂大面确实可以均匀,快速。但大面用遮板十分费力费时而且僵化。30年代即已有用喷笔渲染天空地面作为辅助渲染,与现在的方法基本相似。

编　余

在写这本书的工作中得到许多支持和帮助。

本书的插图和作品图页除我个人所存多年的老师和学生们作品、作业外，还有一些系名家所赠。

唐宝鑫老师（前贵阳清华中学校长）赠童寯先生绘贵阳清华中学规划总体布局鸟瞰图。

黄兰谷教授是我的老同学，渲染技法精湛、严谨，曾与我有约共同出版中国古代建筑渲染图集。不幸他先我而去，蒙吴亭鹤女士赠他生前一幅《天坛》渲染图，刊录书中聊作纪念。

东南大学孙钟阳教授为人质朴，生前自嘲保守派，实则办学务实而不尚虚华，人格、学问都令人敬佩。蒙王文卿教授转赠孙教授生前水墨渲染图一幅。

王文卿教授赠我手稿草图。

天津大学冯建逵、聂兰生、彭一刚、黄为隽教授赠画数幅。

奚树祥教授经台湾中华建筑师事务所黄祖权先生介绍赠画一幅。

另有来自广西综合设计院陈璜建筑师作品和华中理工大学周贞雄教授喷笔渲染二幅。

本书介绍了 Color in Sketching and Rendering 一书中的资料，因该书已绝版多年。蒙陕西西安陕西德赛建筑工程事务所华冠球建筑师和清华大学叶歆教授提供。

本书介绍的《中古文艺复兴建筑局部》和《巴黎艺术学院建筑设计竞赛获奖作品年鉴》资料，为东南大学建筑系资料室提供。王文卿教授提供古典建筑构图水墨渲染学生作业，可惜拍摄不够清晰，未能刊入，实为遗憾。

本书内学生作业都是当年在指导教师指导下完成的作业，但仍以学生姓名刊入。

本书图页全部请浙江省建筑设计研究院工程师蔡金福先生及蔡彤先生翻拍。

对以上有关人士谨致谢意。

因我身体衰弱，不能外出，出版社王明贤同志提供各种参考书籍、资料使我能坚持完稿，谨致谢意。

童鹤龄

1996 年 12 月 6 日

图书在版编目（CIP）数据

建筑渲染：理论・技法・作品/童鹤龄编著．—北京：中国建筑工业出版社，1998
ISBN 978-7-112-03387-4

Ⅰ．建…　Ⅱ．童…　Ⅲ．建筑艺术-绘画-技法（美术）
Ⅳ．TU204

中国版本图书馆 CIP 数据核字（97）第 16801 号

责任编辑：王明贤
版式设计：韦　然

建筑渲染
理论・技法・作品
童鹤龄

*

中国建筑工业出版社出版、发行（北京西郊百万庄）
各地新华书店、建筑书店经销
北京广厦京港图文有限公司制作
精美彩色印刷有限公司印刷

*

开本：889×1194 毫米　1/16　印张：11½
1998 年 2 月第一版　2013 年 7 月第三次印刷
定价：**98.00** 元
ISBN 978-7-112-03387-4
（8546）